The 20th AF over Japan
日本上空の米第20航空軍

◎訳著 | 岡山空襲資料センター
日笠俊男

今治市の戦災を記録する会
藤本文昭

BRIEF HISTORY
of the TWENTIETH
AIR FORCE

大学教育出版

皇居上空
手前が外苑。中央の白い部分は5月25日の空襲で被災した明治宮殿
ハーセル・リード・バーン氏 1945年8月30日撮影・提供

兵舎ができる前のテニアン島のテント（1945年4月〜5月撮影）右がバーン氏
（同氏提供）

1945年9月2日　米戦艦ミズリー号上での日本降伏調印式
　　　　（米国立公文書館蔵）

BRIEF HISTORY of the TWENTIETH AIR FORCE

(As released by U. S. Army Air Forces.)

General of the Army Henry H. Arnold

The most destructive form of warfare ever waged on land, air or sea should be credited to the powerful Twentieth Air Force—the global B-29 organization that carried the fight to the Japanese home islands—to the source of industrial, economic and political strength. Through its dramatic 14-month operations, using the giant Superfortress, the Twentieth Air Force reduced Japan from a first-rate world power of teeming cities to a political and industrial wasteland.

Highlights of the entire Twentieth Air Force blitz against Japan was the last five months of dynamic operations. In reaching this fiery perfection, which literally burned Japan out of the war, the Twentieth Air Force came a long way from its meager 77-plane, 368-ton shakedown strike against Bangkok rail facilities in Thailand on June 5, 1944.

It had come 100,000,000 miles of combat flying. It had flown 32,612 sorties. It had jumped from small raids in which less than 100 Superbombers were used, to gigantic raids calling for more than 800 B-29s. It had come from smashing railheads or large industrial plants with ordinary high explosive bombs, to burning out huge sections of Nipponese cities with jellied-gasoline bombs—to almost completely destroying entire cities with the awe-inspiring, devastating atomic bomb.

From its modest beginnings in India and China (as the Twentieth Bomber Command, under direction of Twentieth Air Force Headquarters in Washington), the Global Air Force dropped 169,421 tons of bombs in 14 months of operation. More than 160,000 tons fell in the final half year of Pacific-based attacks, when the XXI Bomber Command absorbed the Twentieth Bomber Command and eventually drew its own headquarters from Washington to the Marianas.

The Pacific-based Superbombers laid 12,049 mines in enemy waters, destroyed or damaged 2,285 enemy fighters, wiped out the enemy's major oil-refining centers. In burning down 65 of Japan's most important cities and 158 square miles of urban industrial area, the B-29s destroyed 581 vital war factories, cut steel productive capacity 15 percent and aircraft productive capacity 60 percent, wrecked 2,300,000 homes.

In its climactic five months of jellied fire attacks, the vaunted Twentieth killed outright 310,000 Japanese, injured 412,000 more, and rendered 9,200,000 homeless. U.S. losses, in contrast, totalled 537 B-29s and 297 crews, or about 3,267 men; and more than 600 airmen from downed Superforts were saved. Never in the history of war had such colossal devastation been visited on an enemy at so slight a cost to the conquerer.

The last five months of the 20th Air Force's war-time activities proved the forcing ground of history . . . five flaming months in which the B-29s reduced an island stronghold to ashes, tipped a stalemate to victory. Five flaming months in which a thousand All-American planes and 20,000 American men brought homelessness, terror

まえがき

……この炎の5か月に、1,000機の米軍機と20,000人の米兵が強情な敵から家屋敷を奪い、恐怖と死をもたらし、事実上荒廃した土地だけが残る状態にまで貶めた。これは、その破滅と解放の短い年代記……（14ページ参照）

『日本上空の米第20航空軍』。本題は「第20航空軍小史」。米陸軍による1947（昭和22）年発行の冊子（以下「小史」）。米アラバマ州マクスウェル空軍基地内空軍歴史研究センターの第20航空軍・第21爆撃機集団の「NARRATIVE HISTORY（戦記）」資料マイクロフィルム（ピースおおさか所蔵）から拾い出した。

マイクロを回していて、冒頭のフレーズに出会ったとき、一度に60余年前に引き戻された。
筆者は"強情な敵のなかのひとりの少年"……。

「小史」は、第20航空軍が、どれほど対日戦の勝利に貢献したか。自らの手柄を顕彰するアルバム。頁の大半は、20航空軍の将軍たちのポートレイトにはじまり、原爆、ついでミズリー号での日本降伏調印式に至る数十枚の写真。本文は10頁。文字通り「小史」。しかし「小史」にして「小史」とは思えぬほど、20航空軍が、いかにして日本本土を攻略

したか。それを余すことなく語っている。また彼等の戦闘が生半なものでないことがひしと伝わってくる。

第20航空軍。司令官ルメイの名でよく知られたB-29戦略爆撃機部隊。広島、長崎に原爆を投下したのもこの部隊。もっとも原爆投下は20航空軍独自の軍事的判断によるものでなく、指揮系統も通常とは異なる軍の最上層部の政治的判断によるものである。それは知られているが、「小史」が、原爆投下について、"「通常」のB-29による攻撃だけでも、日本を降伏に追い込むことができたことは疑う余地はない云々"と述べている点に注目する。

いずれにしても20航空軍のことは「小史」を篤と読めばすべてわかる。しかし同軍の編成のことは、予備知識を欠くと、理解の及ばない点があるかも知れないので、少しく敷えんしておきたい。

米陸軍は、急いで開発した巨大な長距離戦略爆撃機を戦線におくるためまず第20爆撃機集団（XXB.C.）を創設（1943.12.17）し、インド・中国を基地にしてアジア戦線に投入（1944.4～）する。ついで創設（1944.3.8）された第21爆撃機集団（XXIB.C.）は、日本攻略の効率をあげるためマリアナを確保し、基地とする。

第20航空軍は、このXXB.C.とXXIB.C.の両方を配下に、これまでの部隊の用兵とは異なる航空軍として創設（1944.4.8）される。その司令官には、陸軍航空軍の総司令官アーノルド自身が就任する（ワシントンに司令部）。このことについて、米軍資料解読の名伯楽奥住喜重氏の説明を借りる。「B-29部隊は、この第20航空軍の指揮下に置かれて、既存のどの航空軍、どの戦域司令官の指揮権からも独立することになった」（『B-29　64都市を焼く—1944年11月より1945年8月15日まで—』

2006.2.10　揺籃社）日本本土攻略のなかで、B-29部隊が、陸海軍から自立して戦略空軍として動き出していることがわかる。

　引用の奥住氏の書は、米軍資料解読の先達(せんだつ)の年来の労作。優れて参考になるので、ぜひ座右に置いてほしいと思うことである。

　さて、その後 XXB.C. の専属航空団の第58航空団は、マリアナに移駐し、XXIB.C. の航空団になる。マリアナには最終的に5個航空団が揃う。日本本土攻略の主役は XXIB.C. になる。そして7月16日にインド・中国に残存の XXB.C. は第8航空軍に吸収され、同日、XXIB.C. は、第20航空軍に昇格する。

　第20航空軍。それは前段階では、XXB.C. と XXIB.C. のことであり、後段では元 XXIB.C. の新第20航空軍（グアムに司令部）ということである。もう一度奥住氏の説明を借りる。「沖縄の第8航空軍が実戦に参加しないうちに、8月15日に日本は降伏したので、B-29による対日爆撃といえば、もっぱらマリアナの XXI、7月16日以降の新第20航空軍によるものとして、戦争──空襲は終りをつげたのであった」（同前）。

　アメリカの航空軍史（対日）といえば、1953年に刊行の『陸軍航空軍史第5巻』がある（以下「5巻」）。詳細具体的な大部な戦史。専門の戦史家、歴史家と軍関係者の編集執筆になるもので、この分野のいわば正史としての地位を得ている。叙述も、一方の側（敵）からするものだが、理性的客観的になされている（『横浜の空襲と戦災4』参照）。

　一方「小史」は、はじめに触れたところだが、いわば20航空軍の手柄を軍の仲間のうちに顕彰するために作られた性格の濃い「戦史」で、自らの手柄を強調する形容詞が目立つ。「小史」の文末の断章をあげて

みる。

　Thus the 20th Air force ,youngest and most powerful AAF organization closed a dramatic 14-month career and won an unrivaled place in annals of World War Ⅱ.
　（かくて、最新にして最強の合衆国陸軍航空組織である第20航空軍の劇的な14か月に及ぶ戦闘は、第2次世界大戦史上比類なき地位を勝ち取って幕をおろした。）

　この手柄の強調と裏腹(うらはら)に、「小史」は、軍自身の叙述ではあるが、戦後の叙述にもかかわらず、本訳文では「日鬼(にっき)」などと訳したりこそしないが、原文では戦時中さながらに「日本」を「Jap」と表現している。

　この点で、「小史」は、戦史としては「5巻」と同列に並ぶものではない。しかし、資料的には、ともに二次的資料だが、「小史」には「5巻」にない以下3点の資料的価値がある。第1点は、戦史としての「5巻」の成立に先だって、実際にこのような「戦史」が存在しているということ。第2点は「小史」にもかかわらず20航空軍の「所業(しょぎょう)」を自ら余すことなく叙述しているということ。第3点は、いずれ大部な「5巻」に進むことになるだろうが、その際「小史」は予備的資料として役立つということ。これは言いかえると「5巻」の解読の際に役立つ資料であるということである。
　その点はさらに言いかえると、米軍資料の史料学入門のテキストとして格好のものとして存在しているということでもある。

　以上の3点の価値を認めて本書を編集した。「小史」を各地の空襲・戦災の記録や調査や研究に役立ててほしい。また米軍資料の史料学入門のテキストとしても第一級のものだと思う。特に若き学徒に、その活用

を期待している。

　話が後先するが、ここで本書出版の経緯について大事なことなので、述べておきたい。

　筆者は一市民として岡山大空襲の調査研究をしている。残された時間はあまりない。その仕事のエネルギーの大半は、資料（史料）探索と収集に費やしている。肝心の資料なくしては記録はつくれない。歴史も語れない。また戦争の記録は、敵の資料も見なければ完結しない。

　資料の探索はいきおい米軍資料にも及ぶ。幸い米軍資料は質量ともにぼう大なものが保存されており、多くは情報公開されている。しかし筆者は、アメリカに出かけて収集する力はないので、国立国会図書館所蔵の米国戦略爆撃調査団（USSBS）の収集した米軍資料のマイクロフィルム（米国立公文書館マイクロフィルム）や、ピースおおさか所蔵の「NARRATIVE HISTORY（戦記）」資料マイクロフィルム（マクスウェル空軍基地内空軍歴史研究センターマイクロフィルム）などを利用している。

　現在そのなかから掘り起こした資料は何件になるであろうか。当方の何百もの調査項目にかかわるものである。

　しかし折角収集の資料も、英語力の不足も災いして、一つひとつの資料の検証が容易に進まない。残された時間を考えると、間に合わないようにすら感じる。

　そんな思いを強くして、昨夏（2006.7.29 〜 30）愛媛県今治市で開催の第 36 回空襲・戦災を記録する会全国連絡会議に参加した。そこで地元

の藤本文昭氏に出会う（形だけの出会いは以前にあったのだが…）。そして二人は手をつないだ。藤本と日笠の違い。藤本は戦後生まれで若い。日笠はリタイアした元「少国民」。藤本は、日笠にできない米軍資料をアメリカにまで出かけて収集している。すでに勤務校の高校生とともに『米軍資料から読み解く愛媛の空襲』を編集発行（2005.8.1）している。二人の出会いの意味を知っていただくため、今治大会全体会での日笠の報告（要旨）を掲げる。

岡山大空襲

　岡山市は1945年6月29日未明、米XXI爆撃機集団テニアン島基地第58航空団のB-29 138機により空襲された。中小都市空襲の3回目。日本敗戦の48日前のことです。

　当時岡山市の人口は約16万人（市街地住民は約10万人か）。その市街地にB-29は、午前2時43分から84分間にわたって、大小2種類の焼夷弾を約95,000発投下しました。街はたちまち地獄の火の海になり、2時間余りで姿を消します。そのなかで2,000人を超える市民が犠牲になりました。私はそのとき国民学校6年生。

　私はたまたま生きのびて、今ここに立っていますが、爆撃中心点のそばの深𣘺（しんてい）国民学校では、市内国民学校中最多の60人の児童が亡くなっています。わが町内は、後楽園の借景として知られる操山（みさおやま）丘陵のふもと。岡山市街地東端の公園地帯ですが、爆撃中心点からは2キロの位置。町内の焼夷弾の直接的被弾は3回（3機分）確認しています。町内では戸数約200戸のうち約80％が被災しています。私の避難した空地に隣接の墓地で、一家の親子3人が亡くなっています。わが一家はみな無事でしたが、無一物の難民として、県北の山村に疎開します。8月15日はそこで迎えました。少年の必勝の信念は、空襲で容赦なくうちくだかれました。

私はこの体験から、岡山空襲のことは、いいかげんな気持ちでは語れなくなっている。

　しかしいくら体験しても、個人の体験は視野も狭く客観性に乏しい。あれはいったい何だったのかということは、調べてみなければ、何ひとつ分かるものではない。それで自宅に資料センターを設置し、資料の収集と検証の仕事を続けているわけです。リタイアしてからですが、センターの前身の研究会の時期を含めて10年になります。その間、富山大会からこの今治大会まで、記録する会全国連絡会議に欠かさず出席しています。

　米軍情報部が、作戦機に与えた岡山の『目標情報票』には、岡山攻撃の意義について「岡山市への空襲は、たとえより小さい都市の住民が、自分たちの未来は灰色だと思っているのなら、この空襲はそれを真黒にするであろう」と述べています。そして市街地面積の63％を破壊し、結果は「Excellent（優秀）」と実際に圧倒的に作戦を成功させている。一方日本側は、これほどのの侵入にもかかわらず、警報発令前に空襲にあいました。米軍側は、このとき一機児島半島北側に墜落し11人死亡の損害をだしています。6月段階、本土決戦に備えて、岡山でも国民義勇隊が次々と結成されます。国は、「1人10殺」の気構えでアメリカに立ち向えと叫んでいます。しかし米側の犠牲は11人。16万市民で11人。米側は、岡山空襲に、シーレスキューも入れて約2,000人の隊員を動員しています。彼等は確実に「1人1殺」を実行しています。

　なぜ軍事的にさほど重要でもない岡山が、これほど徹底してやられたのか。警報はなぜおくれたのか。防空態勢は万全ではなかったのか。一瞬にして街を地獄の火の海にした米軍の焼夷弾はどんなものか。などなど岡山空襲資料センターには数えきれない調査研究の課題があります。当センターに課せられた責任は大ですが、個人の力、一団体や組織には限界があります。その事業は容易に完成するものではありません。若き

世代に期待するものですが、残された課題が山積しています。

　たとえば先ほどの焼夷弾。岡山で使用された小型の方のM74という黄燐油脂焼夷弾。これひとつについても、何年来検証用の実物収集の努力を続けていますが、いまだ当センターには、全体の構造や機能を解明する部品は揃っていません。たまたま今治に参ります2日前、瀬戸大橋線の高架の下でM74の不発弾が発火する事件があり、瀬戸大橋線は何時間もストップし地元で大きなニュースになりました。私は現場に飛んで行きました。好奇心だけのことではない。M74焼夷弾の実物資料を得ようと思ったのです。もちろん爆弾処理の自衛隊も警察も、私どもに資料提供はしてくれませんでしたが、この現場で図面でしか知らなかった黄燐の容器（破片）に対面したのです。硬質の白色プラスチックです。厚さの実測はしました。こういうことはありますが、焼夷弾の部品はなお未だに揃っていません。

　私どもの事業を完成させるためには、重ねて申しますが、ひとつの県、ひとつの組織の力だけではだめです。この全国連絡会議の場が必要です。それだではなくこの会の共同事業を具体化することが必要と考えます。それが実現することを切に願っていることを訴えて報告を終ります。

　　　　　　　　　　　　　　　　　　　　　　　（大会報告集から転載）

　訴えが届いた。藤本は、日笠が提供した米軍資料「小史」を勤務校の平和学習の教材として取りあげ、高校生とともに読み解いていった。

　本書は、この授業実践のなかで藤本と生徒がつくりあげた訳文によって生まれたのである。

　本書の訳文および注は、藤本と日笠二人の間で意見交換を重ねて、多

少の補正、補足、補強をした。

　しかし決して名訳の域に達しているなどと思っていない。後に原文も付しているので、その点は厳しいご批正をいただければ有難い。

　本書の原典はマイクロからの複写で、特に写真はクリアーな画像が得られなかったのですべて省いた（本書の口絵にマイクロのイメージまでに「小史」の本文第1頁、裏表紙に「小史」の表紙を掲載している）。

　藤本は、資料（マイクロ）のオリジナルをアメリカで収集する努力をしたが、現在までのところ成功していない。訳文のほうにそえた写真は、米国立公文書館から入手したものと、かつて第58航空団に所属し奇しくも岡山、今治の空襲に通信技士として参加していた元B-29搭乗員ハーセル・リード・バーン氏（アトランタ在住）から提供していただいたものである。原文（マイクロフィルム）は、ピースおおさか（大阪国際平和センター平和研究所）所蔵の前述マイクロフィルムA7717でアクセスできる。

　なお巻末に、本書の共同編集者藤本文昭のリポート「米軍資料を平和学習に活用」を収載している。これは藤本自身による本書のまえがきに代わるものである。この「まえがき」に続けて最初に読んでいただけるとうれしい。

　本書の編集については、大学教育出版の佐藤守さんに大変お世話になった。感謝している。

2007年6月

日笠俊男

目　次

まえがき　1

第20航空軍小史　13

BRIEF HISTORY of the TWENTIETH AIR FORCE　39

米軍資料を平和学習に活用　71

第20航空軍小史
(合衆国陸軍航空軍発行)

　陸海空を通じて史上最も大規模な戦いの成果は、日本へのB-29による空襲を敢行した力あふれる第20航空軍と合衆国の物量的資源及び政治的強さに帰するものである。超空の要塞B-29を用いての14か月に及ぶ劇的な諸作戦で、第20航空軍は豊かな都市を有する世界有数の大国であった日本を政治的、工業的に荒廃した土地に変貌させた。

　日本に対する第20航空軍の電撃戦のハイライトは、戦争最後の5か月間であった。文字通り日本を灰燼に帰したこの電撃戦成功までには、長い道のりがあった。それは1944年6月5日、タイのバンコクにある鉄道施設に対する77機による368米トン〔約334 t〕の爆弾を投下した試験的攻撃に始まる。

　1億マイル〔1億6,000 km〕の作戦飛行距離。32,612回の出撃。その攻撃規模は、100機以下の超空の要塞B-29が出撃する小規模なものから800機以上が出撃する大規模なものまでに飛躍した。破壊規模では、通常の高性能爆弾で鉄道施設や大型工場を攻撃する作戦から、油脂焼夷弾で広大な日本の都市を焼き払う作戦、また戦慄するほどの破壊力を持った原子爆弾で都市を完全に破壊し尽くす作戦にまで至る。
　ワシントンに本部を置く第20航空軍配下で第20爆撃機集団として始められたインドや中国での小規模な作戦以来、世界各地で展開した

我が航空軍は、14か月間で169,421米トン〔約153,665 t〕の爆弾を投下した。第21爆撃機集団が第20爆撃機集団を吸収し、本部をワシントンからマリアナ基地に移したころには、半年間で160,000米トン〔約145,120 t〕以上の爆弾が太平洋を舞台とした攻撃で投下された。

太平洋に基地を持ったB-29は、日本の海域に12,049発の機雷を投下、2,285の敵戦闘機に損害を与え、主要石油精製所を麻痺させた。日本の主要65都市と、都市工業地域の158平方マイル〔約411 km²〕を焼き払った際には、581の重要軍事施設を破壊し、鉄鋼生産能力の15％と航空機生産能力の60％を奪い、2,300,000戸の家屋を消滅させた。

戦争最後の5か月間に実施された油脂焼夷弾攻撃では、310,000人の日本人を殺害、412,000人以上に負傷させ、9,200,000人から住居を奪った。それに対して米軍の損害はB-29 537機、搭乗員297組（つまり3,267人）。墜落したB-29から600人以上の搭乗員が救出された。戦史上、勝利者の犠牲がこれほど少なく、敵に甚大なる損害を与えた戦争はなかった。

第20航空軍による最後の5か月間の働きは、敵を力で押し返した歴史的教訓でもある。この炎の5か月、B-29は堅固に守られた敵の国土を焦土と化し、膠着した戦局を勝利へと導いた。炎の5か月に、1,000機の米軍機と20,000人の米兵が強情な敵から家屋敷を奪い、恐怖と死をもたらし、事実上荒廃した土地だけが残る状態にまで貶めた。これはその破滅と解放の短い年代記である。

第20航空軍の歴史を語るには、まずB-29の誕生から話を進めねばならない。原子爆弾の開発は別にして、超空の要塞B-29の開発は軍の

最重要案件であった。それは1941年に初めて日の目を見る。当時のボーイング社主任技術官ウェルウッド　ベオールとライト基地技術参謀のレオナルド"ジェイク"ハーマン大佐が最初の設計図を引いた。「最大かつ最大量の銃器を搭載し、最も遠くまで飛べる飛行機を開発せよ」というアーノルド大将からの厳命を受けての作業だった。

ヘンリー"ハップ"アーノルド大将（1886年生〜1950年没）
（米国立公文書館蔵）

　青写真の段階から1944年初頭にアジア戦線で実戦飛行するまでB-29の開発物語には紆余曲折がある。とても実現しそうな開発ではないと思われることが多々あった。B-29の試作機ができるずっと以前、米陸軍航空軍は1,000機単位でスカイジャイアント〔巨人機〕を製造するため、大規模工場を建築するよう促していた。巨人機など、本当に飛べるのかと一部に訝しがる連中がいる一方で本気で超空の要塞（いぶか）を作ろうという気運が盛り上がりつつあった。これまで製造したどの航空機よりも複雑で精密な代物だ。60米トン〔約54ｔ〕の強者（つわもの）は、2,200馬力のエンジン4発、20,000ポンド〔約9ｔ〕の爆弾搭載容量を有し、燃料と爆弾および機体の総重量が最大で137,000ポンド〔約62ｔ〕。装備パネルは数知れず、50,000のパーツ、100万のリベット、何千マイルにも伸びるワイヤー、翼幅141フィート〔約42ｍ〕、胴体が99フィート〔約30ｍ〕で高さが27フィート〔約8.1ｍ〕、16時間の飛行任務に耐える。空の要塞と呼ばれるB-17が小さく見えるほどの大きさ。まさしく最大、最速、最強の爆撃機である。

　この最大最強の爆撃機の開発は、米陸軍航空軍にとって30億ドルの大博打であった。

1942年9月、ボーイング社のテストパイロット長だったエディ　アレンは試作機XB-29の初飛行を試みた。着陸後エディは、関係者にとって奇跡とも思えるような嬉しい言葉をはいた、「飛んだぞ」。

　試作機の初飛行は成功したものの、その後はエンジントラブル、ギアの不具合、発電機の不良、エンジン室内での発火など失敗につぐ失敗の連続だった。1943年2月18日、最悪の事態が起こった。試験飛行途中にアレンとその搭乗員が事故で死亡したのである。

　1943年6月27日、ハーマン大佐はカンザス州ウィチタで何千人もの従業員が24時間操業を続けるボーイング社組立工場上空すれすれをB-29で飛行。2度目の試験飛行は成功した。

　1943年秋に行われたケベック会議で、ルーズベルト大統領は1944年3月1日までにアジア戦線に200機のB-29を生産ラインから配備すると約束した。これは無理な約束だったが、陸軍航空軍と航空機各社は「困難なことならすぐやり遂げよう、不可能なことなら少し時間をかけよう」というスローガンで生産ラインを鼓舞し、全精力を傾注した。

　ウィチタには25,000人の労働者が国家存亡の大事業に挑み、ジョージア州マリエッタのベル航空機会社は、25,000人の従業員を指示し超空の要塞の組立てに従事していた。ネブラスカ州オマハのグレンマーチン工場は工場自体をB-29製造工場へと転換、ワシントン州シアトル近郊のレントにはボーイング社が別のB-29用の工場を稼動させていた。

　昼夜を問わない操業で、上記の四工場は個々のパーツを製造する多数の工場と歩調を取りながら、B-29を組み立て、それらを国内各所にあ

る部品改修センターに送った。ルーズベルト大統領が示した約束は期限までに果たされ、B-29 はインドに向けてカンザス州から飛び立っていった。

その後、太平洋戦争中に数多くの B-29 が続々と各工場から送り出された。

超空の要塞 B-29 についてはこのくらいにしておこう。第 20 航空軍が戦場に出るための搭乗員訓練について以下述べることにする。

B-29 搭乗員の訓練は、最初の B-29 専属航空団である第 58 航空団（第 20 爆撃機集団の構成航空団）のあと、第 2 航空軍がその管轄に当たった。訓練内容はケネス B. ウォルフ少将が作り、訓練自体はジョージア州マリエッタやカンザス州サリナにある第 2 航空軍の施設で行われた。マリアナに展開する第 21 爆撃機集団とその航空団は、第 2 航空軍によって人員が決定され訓練が行われた。第 21 爆撃機集団の本部は 1944 年 3 月 8 日よりサリナで動きだし、後にコロラド州スプリングスのピーターソン飛行場に移動。ロジャ H. ラメイ准将がそれを指揮した。ラメイはこの後、第 21 爆撃機集団の第 58 航空団司令官に就任している。

超空の要塞の飛行訓練と同時にこの巨大な爆撃機をいかに検査するかが、初期の訓練における根本的な問題となった。与圧室、中央制御で遠隔操作できる銃砲、電子機器とそれに伴う飛行技術など新づくめに加えて従来の爆撃機をはるかにしのいだ最長飛行距離、最高高度、最大搭載容量などが訓練における大きな問題となった。

B-29 のうち約 2,000 機はエンジンのみが製造されることもあった。

そこでB-29の製造段階における装備変化に合わせて訓練や検査の内容も段階的に行われた。そしてB-29を飛ばすための標準的な手順を作成した。24時間ぶっ通しの敵国への爆撃任務ができるようにする昼夜を問わない飛行訓練は、新たな訓練規範を作りあげるだけでなく、飛行場を施設管理、維持、燃料補給面での変化を伴う重爆撃機仕様から超重爆撃機仕様の施設へと転換することが必要であった。

訓練が進むにつれて、各飛行機の指揮官は、自分が単なる第一操縦士ではなく、小型の戦隊を指揮しているのだと思うようになってくる。B-29 1機に60万ドル、訓練に40万ドル、合計100万ドルの費用がかかった戦隊なのだから。

加えて、第2航空軍は改造されたB-29によって写真偵察などを行う特殊任務を遂行する人員を養成した。この訓練や爆撃手の訓練のために、多くのアメリカの都市、工業地帯、飛行場や輸送施設が、「仮想空襲」された。その際、爆撃照準器に接続されたカメラは、爆撃機の攻撃精密度を記録していた。銃手は、銃器に電子技術を加えた中央制御で遠隔操作する発砲技術を学んだ。

第2航空軍の訓練任務がどれほど優れたものかは、アジアや太平洋にB-29搭乗員を切れることなく継続的に送り続けたことと、その搭乗員たちが総攻撃〔本土決戦〕を準備していた日本の工業力を大きな破壊力で打ち砕いたことによって証明される。

1944年から45年の冬、B-29の戦隊は第3航空軍の配下でカリブ海の基地にいた。先発のB-29部隊と交代する際、アジアや太平洋地域での天候や地形条件に良く似た環境下で訓練し、戦闘能力をより高めるた

めであった。

　米陸軍航空軍高官の当初の計画では、B-29を比較的日本に近い太平洋上の島々に配備するつもりだった。しかし日本侵攻計画と台湾などのような理想的基地となる場所から日本軍を掃討するためにかかる時間を考えると、日本本土からB-29の飛行可能な範囲内にあるマリアナ諸島がB-29配備基地として選ばれた。これは連合国軍が戦略的拠点となるマリアナ諸島の日本軍を攻撃するずっと以前に決定されていたことである。マリアナでB-29の配備が完了する以前にB-29はすでにその能力を発揮していた（実際に、米海兵隊がサイパン島に上陸を開始する9日前、1944年6月5日、B-29は中国－ビルマ－インドの基地を利用し爆撃を敢行している）。

　サイパン島を基地利用できる前にB-29を活用するための策として、インドにB-29を配備し、前線基地を中国西部に設け、そこから攻撃を行うという方法があった。インド東部から中国西部の成都付近に飛行し、燃料などを補給した上で満州、台湾、そして日本本土四島のうち最南にある九州を攻撃するのである。もちろんこれが最終的な解決策ではなかった。しかし日本人に相応の損害を与えるには十分であり、同時に太平洋方面から本格的にB-29で攻撃する前に戦闘時のB-29の性能テストにもなった。

　米陸軍航空軍はB-29について独自の命令系統を採用した。第20航空軍は戦略爆撃戦力として作り上げられたものだが、その本部はワシントンにあった。同航空軍の指揮権はワシントンの統合参謀本部が握り、陸軍航空軍および第20航空軍の総司令官であるアーノルド大将がその最高責任者に任ぜられた。それに伴ってラウルス　ノースタッド准将が

アーノルド大将の代理に指名され、その後の前線基地にいる各司令官と統合参謀本部との間で戦略爆撃などの最高機密に関する連絡係の一人となったのである。

戦線に最初に出たB-29の部隊は、ウォルフ少将指揮下の第20爆撃機集団（実質的に第58航空団）であった。1944年4月初頭に第1機目のB-29がインドに着陸。それよりもはるか以前、1943年12月には先遣部隊がインド東部や中国西部での飛行場建設準備のため忙しく立ち回っていた。この飛行場の準備では、インド・中国に各4飛行場を建設するというもので米軍技師と350,000人以上の中国人労働者が「不可能」を可能にしてみせた大事業だった。

飛行場建設現場で働く中国人
（米国立公文書館蔵）

中国の飛行場に着陸したB-29
（米国立公文書館蔵）

中国とインドの飛行基地の間には大きな障壁があった。世界の屋根ヒマラヤ山脈を越えねばならないことである。中国・ビルマ・インドに展開する地上部隊が第20爆撃機集団が必要とする燃料不足で悩むことがないように、B-29の輸送部隊がヒマラヤを越えてインドから成都へとガソリンやその他の物資を空輸し始めた。

この空輸は大変高価なものだった。1回の空襲を実施するのに各B-29

が6回ヒマラヤ越えをしなくてはならない。この様な手間と時間をかけてでも、台湾、満州、九州の目標を攻撃することはそれなりの価値があった。

1944年6月5日、インドの基地からベンガル湾を越えてバンコク市内にあるマッサカン鉄道操車場を攻撃するべく最初のB-29部隊が離陸した。10日後、第2回目の攻撃が中国西部の飛行場から行われた。目標は九州にある八幡製鉄所であった。離陸したB-29 75機のうちわずか47機のみが目標上空に到達、敵の損害は少なかったものの、これによってB-29による日本本土電撃戦の露払いとなった。

一方でB-29はアジア特有の気候に悩まされる結果となった。アイドリング中にエンジンを焼きつかせる猛烈な熱、繊細なB-29の飛行機器をさびつかせ、回路をショートさせる玉子大のひょう、モンスーン気候による大量の雨と湿気などである。

このような困難や危険なヒマラヤ越え飛行などにめげず、着実に飛行機数、搭載爆弾量、敵施設への損害を拡大しつつ第20爆撃機集団はアジアでの爆撃を続けた。

1944年7月、ウォルフ少将は、ライト基地で指揮をとるように命じられた。その交代要員としてラベレン サンダース准将が9月まで司令官となり、続いて38歳、米陸軍航空軍内で最年少の新進気鋭のカーチスEルメイ少将が着任。ルメイ少将はイギリスの第8航空軍配下の第3爆撃師団を使って戦略爆撃の成果をあげていた。

大胆で圧倒的攻撃方法で知られる戦術戦略家、ルメイ少将は夜間攻撃

から高高度からの隙間のない編隊を組んでの白昼爆撃に切り替えた。これにより敵の損害は一気に増えた。

ひとつひとつ、その目標をあげる。

佐世保海軍基地	7月7日
鞍山昭和製鉄	7月29日
パレンバン　ピアジョ石油精製所	8月10日
長崎市街地	8月10日
八幡	8月20日
鞍山	9月8、26日
岡山飛行機組立工場	10月14、16日
台湾永寧庄飛行場	10月17日
大村飛行機工場	10月25日
ラングーン鉄道操車場　ビルマ	11月3日
シンガポール海軍基地	11月5日
大村	11月11日、21日

これらの攻撃の圧巻は10月の台湾攻撃である。岡山飛行機組立工場を3日間のうち2日攻撃（10月14日〜16日）、これにより同工場はほとんど壊滅。10月16日〜17日にかけて屏東と永寧庄にある重要な飛行場を攻撃。これらの攻撃の結果、敵のフィリピンへの航空機補充は著しく困難になり、米軍侵攻の物理的支援となった。

B-29による6か月間に及ぶ中国－ビルマ－インドでの作戦の間に、太平洋では新しい航空基地が矢つぎばやに作られようとしていた。

夏の激しい戦いに勝利して、マリアナ諸島（サイパン、テニアン、グアム）はジャングルやサンゴなどがブルドーザーで排除され、迅速なる飛行場建設チームの手によって巨大な飛行場に変貌していった。最初の飛行場建設チーム四隊がサイパン島の海岸に到着した8月、何千もの日本軍残存兵が島内各所の洞窟に残っており、狙撃でもって抵抗していた。

　米国本土で増産が急がれていた最初のB-29が第21爆撃機集団司令官ヘイウッド　ハンセル准将の操縦でマリアナに到着したのは、9月初旬だった。1週間後、第73航空団の飛行機が訓練飛行のため移動してきた。飛行の合間に兵たちは自分たちの兵舎や食堂、司令部の建築に精を出した。

　10月下旬最初、試験攻撃機がトラック島に向けて飛び立ち、カロリン諸島を迂回していた日本軍補給路を叩き潰した。11月1日、B-29 "Tokyo Rose"号が東京上空を偵察任務のため初めて飛行した。

B-29 "Tokyo Rose" 号
（米国立公文書館蔵）

第21爆撃機集団は11月24日、東京に向けて最初の攻撃を加えた。約80機のB-29が、エメット"ロージィ"オドンネル准将に率いられ世界第3位の都市、特にその中でも中島飛行機武蔵製作所を狙って1,500マイル〔約2,400 km〕はなれた基地から攻撃をかけた。

ワシントンの統合参謀本部は、第21爆撃機集団に二つの重要攻撃目標を与えた。(1)航空機工場と(2)港湾施設及び市街地、である。この指針に従って、1回の作戦ごとに60機から90機の爆撃機を高度35,000フィート〔約10,500 m〕から20,000フィート〔約6,000 m〕でハンセル准将は日本に差し向けた。

第21爆撃機集団にとって、この長距離戦略爆撃は新たな問題を生み出した。

まず第1にマリアナから関東平野までは1,450マイル〔約2,320 km〕以上、ヨーロッパ戦線での爆撃機の飛行距離の約2倍であること。

第2に、航路のほとんどが海とそこに点在する日本領土の火山諸島の上空であるということ。

第3に日本本土はアジア大陸と広大な太平洋とに挟まれ、天候状況が不安定であるということ。常にもくもくと膨張し停滞している雲がある。高高度の東京上空の風は、おそらく世界で最も強く荒々しいものだろう。異なった方向に吹く風の層を爆弾が落下する場合、不規則な軌道を描く。それを爆撃手は5回も修正する。向かい風がとても強く爆撃機はやむを得ず風下の目標に近づく。そして時速500マイル〔約800 km〕以上の大気速度〔周りの空気流に対する速度〕に流され目標を通り過ぎ

てしまう。精密爆撃は常に気を張っておかねばならない作業だった。風の向きは変わりやすく、時に攻撃を中止した操縦士から、海岸線の強い向かい風のため上空で飛行機が立ち往生しているとか、海のほうに押し返されるというような報告が入ってくることもあった。この風のおかげでB-29は対空火器に一層脆弱な部分をもつことになる。

第4に、航路上空の天候は決して穏やかではなかった。灰色をした大きな入道雲や渦巻状の風が35,000フィート〔約11,600m〕上空までうなりをあげて吹いてくる。

これには超空の要塞の勇士も辟易したが、目視かレーダーによって爆弾投下を試みるため雲の前線の中に入っていった。以下はそれらのうち初期のものである。

東京	12月3日までの10日間に4回
硫黄島	12月7日
名古屋	12月13日、18日
硫黄島	12月24日
東京	12月27日
名古屋	1月5日
東京	1月9日
名古屋	1月14日
明石	1月19日
名古屋	1月23日、26日

1945年1月、ルメイ少将は、インドのB-29司令官からハンセル准将と交替してグアム島の第21爆撃機集団の司令官へ転任を命ぜられた。

インドの指揮官に任じられたのは痩身のテキサス出身の飛行機乗り、ロジャー ラメイ准将だった。

一般目的用高性能爆弾を投下する B-29
（米国立公文書館蔵）

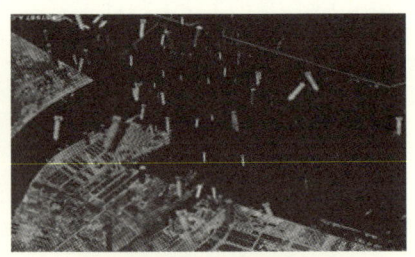
大阪の港湾施設に焼夷弾を投下
（米国立公文書館蔵）

　2月になるとルメイ少将は訓練を増やし、先導機搭乗員を使い始めた。これはヨーロッパで功を奏した方法であった。特に高い訓練を受けた先導機搭乗員が攻撃目標まで編隊を誘導するのである。これにより航法と爆撃が大きく改善された。

　ハンセル准将の作戦計画を踏襲しながらも、ルメイ少将は100機編隊を2月15日に神戸、19日に東京へと送った。その後攻撃機を200機にまで増やし、600米トン〔約544ｔ〕以上の爆弾を東京市街地内の目標に投下した。これは、数か月後に実施された800機による大規模攻撃の序章であった。

　2月中にほかにも改善点があった。ルメイ少将はゼリー状のガソリン・マグネシウム焼夷弾の威力を試すため、2月4日と19日の攻撃に使用した新型焼夷弾の補充を求めた。3月4日、東京は200機のB-29によって再び攻撃される。

　爆撃機の増強、焼夷弾のテスト、これまでの作戦結果の数値をカーチ

ス E. ルメイが何時間も見つめている姿に、グアム島にいる各将校たちは、この寡黙な葉巻をくわえた司令官が新たな規模の計画を練っていると悟った。

ルメイが直面している課題は以下のとおり。

(1) B-29 は、高度 30,000 フィート〔約 9,000 m〕から 25,000 フィート〔約 7,500 m〕で重量のある積載物をつんだまま隙間の少ない編隊を組んで作戦を実行していた。

(2) 最大積載量を積み込み関東平野まで往復 15 時間の飛行をするには、爆撃機 1 機当り、7,650 ガロン〔約 27,070 ℓ〕のガソリンが必要。5,000 〜 6,000 ポンド〔約 2.2 〜 2.7 t〕の爆弾を運ぶのに 46,000 ポンド〔約 20 t〕の燃料が必要。

(3) 高高度での作戦では上記の燃料だけでも B-29 が帰還するのに十分でない場合がある。

(4) 必要なガソリンや少量の爆弾を積み込むためであっても、離陸時の重量は 135,000 ポンド〔約 61 t〕。この重量を持ち上げ、30,000 フィート〔約 9,000 m〕上空まで上昇させるのにエンジンは長時間に渡って「最大出力」を維持しなければならなかった。これがエンジントラブルの原因となった。

(5) 高高度による戦略爆撃の結果を検証すると、敵の損害は増えてきているものの、消費されてきた爆弾量に対して期待した成果があがっていない。これは高高度だけではなく悪天候も原因になっている。

(6) 天候の改善は今後も期待できない。目視による爆撃はほとんど不可能である。

富士山と B-29
（米国立公文書館蔵）

　これらの事実に加え、多くの努力が「無駄に費やされてきた」とルメイ少将は述べた。なすべきことはただ一つ。焼夷弾を満載した大規模な編隊を組み、高度 8,000 フィート〔約 2,400 m〕から 5,000 フィート〔約 1,500 m〕で飛行させること。そのことに危惧する本部の同僚からの問い合わせに対し、この重爆撃の戦術戦略家は、新たな低高度焼夷弾作戦で次の成果が得られると説明した。

　低高度飛行であれば上空の悪天候の影響を受けにくい、さらに目視爆撃も可能になる。この方法だと敵への損害は大幅に増える。特に、新型の強力な焼夷弾を用いれば一層の効果を期待できる。爆弾搭載量を増やすこと、搭乗員の安全などを考慮しても、ガソリンの消費量をより少な

くできる。日本の対空火器は、高高度では迎撃効果があっても、圧倒的な力をもって大編隊で襲いかかるこの新しい攻撃方法では、低高度であろうと正確に迎撃できない、という調査結果がある。敵迎撃機も同様に勢力を失いつつある。

空対空用火器を外した B-29 を送ることも計画された。銃器を取り外すことにより、かなり機体を軽くすることが可能になり、航続距離が伸び、機動性、飛行速度も良くなる（実際に最初の焼夷弾攻撃には使われていた尾部銃砲が、敵の迎撃は激しくないとの理由から取り外された。その後、超空の要塞は最も効果的な「武装」速度で日本に襲いかかるようになった）。

またルメイ少将は、爆撃機を夜陰にまぎれて攻撃させることを考えていた。必要とあれば目標上空で照明弾を用いる。これは精密爆撃がほとんど不可能であることを意味する。地域爆撃、すなわち都市工業地域を焼き尽くすことが目的となる。これらの決定は日本上空での航空機作戦の方針転換となった。

当時受け入れられていた米航空機界の常識に真っ向から背いた方針で、ルメイは次のように説明した。日本に対する戦争では地域爆撃が必要である、というのも日本の工業は何千何万もの家庭内手工業である、つまり「軍需への転換工場」が市街地の中心部に存在しているからだ。

かくてルメイの命令は下った。「東京、神戸、名古屋、大阪の市街地中心部を低高度から夜間に大量の焼夷弾で焼き尽くせ」。

3 月 10 日、日付が替わったころ、285 機の B-29 は、東京の中心 15.8

平方マイル〔約41 km²〕を焼き払った。11,000戸の「軍需への転換工場」が密集し、1平方マイル〔約2.6 km²〕当り103,000人が生活している地域である。二晩後、名古屋の飛行機製造工場が268機のB-29によって焼き払われた。高度5,000フィート〔約1,500 m〕から6,000フィート〔約1,800 m〕より1,950米トン〔約1,769 t〕の焼夷弾が投下された。

焼夷弾を投下するB-29
（米国立公文書館蔵）

東京上空のサーチライト〔想像図〕
（米国立公文書館蔵）

日本で3番目に大きな港湾施設を持つ大阪が次の目標となった。3月14日夜、280機の超空の要塞が縦横にのびる工業地帯に2,240米トン〔約2,031 t〕の焼夷弾をばら撒き、8.3平方マイル〔約22 km²〕を焼野が原にした。3月17日未明、神戸市民は空襲警報を聞いた。そのとき、309機の爆撃機は、うなりを上げて神戸の港湾施設、軍需工場を2,328米トン〔約2,111 t〕の焼夷弾で焼き尽くした。市街地の約3平方マイル〔約8 km²〕が灰燼に帰した。名古屋は3月19日早暁に再度攻撃された。炎が前回の空襲では触れていなかった工場、家屋、隠された小規模工場を飲み込む。そして市街地の5平方マイル〔約13 km²〕が焼夷弾の餌食となった。

10日間で5回の最大努力の作戦で、ルメイ率いるB-29焼夷電撃作戦は日本の主要4大都市の32平方マイル〔約83 km²〕を焼き尽くした。3

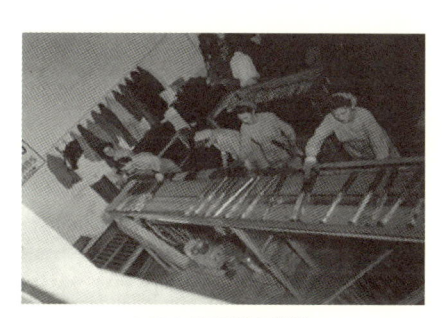

M50 焼夷弾の製造
（米国立公文書館蔵）

E46（M19）集束焼夷弾
（ハーセル・リード・バーン氏提供）

月の後半、焼夷弾作戦は太刀洗、大分、大村、名古屋、東京と続いた。

　これらの焼夷弾攻撃の劇的な成功例は次のような作戦効果をもたらした。(1)以前の攻撃では B-29 の 36％しか第 1 目標に投弾できなかったが、方針変更により約 90％が第 1 目標に投弾。(2)爆弾の平均搭載量が 1 機につき 6,000 ポンド〔約 2.7 t〕から 13,600 ポンド〔約 6 t〕に増加。(3) B-29 は、月に 5～6 回の出撃から 12 回の出撃が可能になった。

　何か月もの間、中国―ビルマ―インドで展開していた第 20 爆撃機集団は注目の的から外れていた。世界の目は、マリアナ基地の第 21 爆撃機集団の電撃的活躍に向けられていたが、第 20 爆撃機集団も、太平洋へ配置転換になる前、1944 年から 1945 年 4 月までの 6 か月間に効果的な活躍をしていた。

　30 以上の第 1 目標にこの間攻撃が行われた。

　　　ラングーン　　　　　　　　　4 回

大村	7回
シンガポール	7回
バンコク	4回
奉天 , 満州	2回
漢口	1回
南京	1回
台湾	4回
サイゴン	2回
クアラルンプル・マラヤ	2回

　12月に満州にある製鉄所を攻撃したことで、以後数か月間の日本の鉄鋼生産能力を弱らせることができた。シンガポールにあった世界最大の造船所を2月1日に破壊したことは高高度精密爆撃の威力を示すものであった。2月7日のバンコク近郊ラマ第6架橋を破壊したことも高く評価できる。この作戦で1群団の業績は、その精密度において高高度爆撃の模範といえる。攻撃写真は、攻撃目標1,000フィート〔約300 m〕内に同群団が投弾した96％が着弾していることを示している。

　第20爆撃機集団は、満州からスマトラ、日本本土からラングーンまでの20に及ぶ第1目標を攻撃した記録とともに1945年4月、テニアンの新しい飛行場に移動し、第21爆撃機集団に組み入れられた。

　4月は、第21爆撃機集団に兵力が増強されただけでなく、新しい緊急の場合役に立つ基地、硫黄島が使えるようになった時期でもある。太平洋戦争下で最も激烈な戦いの後、日本軍から奪い取った硫黄島は、ちょうどマリアナ基地と東京の中間点にあり、B-29の基地から500マイル〔約800 km〕北にある。燃料切れや基地に戻るには機体の損害が激しい

硫黄島の砂浜
（ハーセル・リード・バーン氏提供）

日本兵が隠れていた洞窟（硫黄島）
（ハーセル・リード・バーン氏提供）

場合の緊急着陸地点として利用された。何百ものB-29、何千もの搭乗員が終戦までの4か月間に硫黄島を使用することで助かった。

　3月10日の東京空襲の成功で新しい焼夷弾作戦に確信を持った第21爆撃機集団は4か月半に日本本土44都市を焼き払う焼夷弾攻撃の幕が開いた。1都市ずつ日本の主要都市が炎に包まれていった。

　　　東京―静岡―郡山―名古屋―鹿屋―川崎―太刀洗―国分―
　　　出水―佐伯―広―浜松―横浜―大阪―神戸―佐世保

　6月、7月、8月と空からの激しい消耗戦が続いた。ルメイ少将の部隊拡大も第58、73、313、314各航空団に加え、第315航空団が傘下に入り5航空団、B-29爆撃機1,000機を有する規模となった。投下トン数も以下の通り増加した。

　　3月　200機による空襲　総トン数　13,730米トン〔約12,453 t〕
　　4月　300機による空襲　総トン数　16,196米トン〔約14,689 t〕
　　5月　400機による空襲　総トン数　20,475米トン〔約18,570 t〕
　　6月　500機による空襲　総トン数　32,524米トン〔約29,499 t〕

34

呉
（米国立公文書館蔵）

大阪（右中央に大阪城）
（米国立公文書館蔵）

佐伯
（米国立公文書館蔵）

太刀洗
（米国立公文書館蔵）

　　7月　600機による空襲　総トン数　42,581米トン〔約38,620 t〕

　日本本土への空襲が最高潮に達したのは8月の最初の2週間であった。14都市に25,000米トン〔約22,675 t〕の焼夷弾、高性能爆弾を投下した。8月2日には855機のB-29で6都市を6,632米トン〔約6,015 t〕の圧倒的な火力で持って攻撃した。そして8月5日、8日にはB-29単機で原子爆弾を投下。広島、長崎はほとんどそれだけで壊滅した。

　ちょうどその夏、太平洋地域での戦略のため組織が改編された。7月5日、合衆国陸軍戦略航空軍は、ヨーロッパの航空戦線で勝利をおさめ

たカール　スパーズ大将の指揮下となった。バーニージャイズル中将がスパーズの参謀となっていた。

B-29のマリアナ基地と再装備される予定の第8航空軍でも新しい航空組織改編が予定された。第8航空軍はヨーロッパ戦線で勝利して間もないジェイムズ　ドゥーリトル中将が指揮し、太平洋での第2のB-29基地として沖縄に駐屯した。

7月16日、第21爆撃機集団は第20航空軍本部を吸収、そしてマリアナ基地は実質的に第20航空軍となった。同日、旧第20爆撃機集団の残存兵力がドゥーリトルのB-29部隊に編成されるため沖縄に向かった。この沖縄のB-29部隊は戦争終結のため結果的に戦線で活躍することはなかった。

ジェームズ　ドゥーリトル中将（左）
ルメイ少将（右）
　　（米国立公文書館蔵）

8月2日、ルメイ少将は、合衆国陸軍戦略航空軍参謀長に任ぜられ、前第13航空軍及び第15航空軍の司令官であったネイサンF.トワイニング中将が第20航空軍総司令官となった。

夏までに102機ものB-29が一晩おきに機雷作戦に従事した。各機が2,000ポンド〔約900 kg〕の機雷8発または1,000ポンド〔約450 kg〕12発を搭載した。高度5,000フィート〔約1,500 m〕から8,000フィート〔約2,400 m〕上空からパラシュートをつけてシリンダー状の機雷を投下。第1目標は九州と本州を隔て、瀬戸内海に500隻あまりの船を唯一安全に航行させるルート、関門海峡だった。事実上2週間以内に

船舶の航行が不可能になり、推定150隻の日本船が沈没または大きな損害をこうむった。

　同様に呉、広島への機雷攻撃は敵艦隊を停泊港に釘付けにした。下関の東側への機雷投下により徳山石油備蓄基地で燃料補給を試みる敵船舶を危険にさらした。また佐世保や大阪湾への組織的機雷投下により沖縄攻略作戦を阻止する可能性のあった艦隊や補給船舶を湾内に閉じ込めることができた。

　沖縄から発進が可能で、それゆえに爆弾搭載量も増加できた第8航空軍の使用も含め、いわゆる「通常の」B-29による攻撃を継続するだけでも、日本を降伏に追い込むことはできたことは疑う余地はない。しかし原子爆弾の使用は敵に大きな圧力となり、一層早く降伏する結果をもたらした。

　8月5日、ポール　ティベッツ大佐が操縦する「エノラゲイ」号が最

機雷投下
（米国立公文書館蔵）

日本の船舶に爆撃
（米国立公文書館蔵）

初の原子爆弾を投下した。人口の多い工業都市広島は1発の爆弾でほとんど壊滅した。破壊された4平方マイル〔約10 km²〕の瓦礫から立ち上る煙は40,000フィート〔約12,000 m〕に達した。100,000人以上が死に、1,200人が負傷、200,000人が家を失った。

　3日後、長崎が原子爆弾投下の目標となった。スウィーニー大尉が操縦する「グレートアーチスト」号が改良されたより威力のある核爆弾を投下。長崎が消滅するととともに60,000フィート〔約18,000 m〕上空にまで原子雲が立ち上った。日本が降伏したのは、その後まもなくであった。

　1945年の米国航空戦力は、5か月間に及ぶ激烈かつ集中的な攻撃で日本の65都市を破壊し、戦史上初めて地上戦に突入することなく敵を降伏させた。1945年3月から8月までの第20航空軍の比類のないおおきな働きで、米陸海軍及び海兵隊の一兵卒も日本本土、すなわち本州・九州・北海道・四国に上陸し戦争勝利のために血を流す必要がなくなった。長距離爆撃の力が決定的な勝利をもたらしたのだ。

　かくて、最新にして最強の合衆国陸軍航空軍組織である第20航空軍の劇的な14か月に及ぶ戦闘は、第2次世界大戦史上比類なき地位を勝ち取って幕をおろした。

【訳者注】
1)　日付や人名など、原文テキストで明らかな誤りもそのまま翻訳している。詳細は原文テキスト脚注を参照されたい。
2)　1フィート≒0.3m、1マイル≒1.6km、1平方マイル≒2.6km²　1米トン≒0.907 t
　　1ポンド≒0.45kg
3)　本文中の（　）は原文にあるもの、〔　〕は訳者がつけたものである。

BRIEF HISTORY of the TWENTIETH AIR FORCE[1]

(As released by U.S Army Air Forces [2])

The most destructive form of warfare ever waged on land, air or sea should be credited to[3] the powerful Twentieth Air Force — the global B-29 organization that carried the fight to the Japanese home islands — to the source of industrial, economic and political strength. Through its dramatic 14-month operations,[4] using the giant Superfortress,[5] the Twentieth Air Force reduced Japan from a first-rate world power of teeming cities[6] to a political and industrial wasteland, [7]

Highlights of the entire Twentieth Air force blitz[8] against Japan was the last five months of dynamic operations. In reaching this fiery perfection,[9] which literally burned Japan out of the war, the Twentieth Air Force came to a long way from its meager 77-plane,368-ton shakedown strike against Bangkok rail facilities in Thailand on June 5,1944.[10]

It had come 100,000,000 miles of combat flying. It had flown 32,612 sorties.[11] It had jumped from small raids in which less than 100 Superbombers were used, to gigantic raids calling for more than

800 B-29s. It had come from smashing railheads or large industrial plants with ordinary high explosive bombs,[12] to burning out huge sections of Nipponese[13] cities with jellied-gasoline bombs [14] — to almost completely destroying entire cities with the awe-inspiring, devastating atomic bomb. [15]

From its modest beginning in India and China (as the Twentieth Bomber Command,[16] under direction of Twentieth Air Force Headquarters in Washington), the Global Air Force dropped 169,421 tons of bombs in 14 months of operation. More than 160,000 tons fell in the final half year of Pacific-based attacks, when the XXI Bomber Command[17] absorbed the Twentieth Bomber Command[18] and eventually drew its own headquarters from Washington to the Marianas. [19]

The Pacific-based Superbombers laid 12,049 mines[20] in enemy waters, destroyed or damaged 2,285 enemy fighters, wiped out the enemy's major oil-refining centers.[21] In burning down 65 of Japan's most important cities and 158 square miles[22] of urban industrial area, the B-29s destroyed 581 vital war facilities, cut steel productive capacity 15 percent and aircraft productive capacity 60 percent, wrecked 2,300,000 homes.

In its climactic five months of jellied fire attacks, the vaunted Twentieth killed outright 310,000 Japanese, injured 412,000 more, and rendered 9,200,000 homeless. U.S losses, in contrast, totaled

537 B-29s and 297 crews, or about 3,267 men, and more than 600 airmen from downed Superforts were saved. Never in history of war had such colossal devastation been visited on an enemy at so slight a cost to the conqueror. [23]

The last five months of the 20th Air Force's war-time activities proved the forcing ground of history[24]…five flaming months in which the B-29s reduced an island stronghold[25] to ashes, tipped a stalemate to victory.[26] Five flaming months in which a thousand All-American planes and 20,000 American men brought homelessness, terror and death to an arrogant foe, and left him practically a nomad in almost cityless land.[27] This is the chronology, briefly, of that doom and deliverance. [28]

The saga of the 20th Air Force[29] must begin with the story of the B-29 itself. Outside of the atomic bomb, the Superfortress was the most carefully guarded war scheme. It first saw light in 1940 when the chief engineer of Boeing Aircraft Corporation,[30] Wellwood Beall, and Col.[31] Leonard "Jake" Harman of the Wright Field[32] engineering staff drew up the first rough specifications, based on General Arnorld's[33] determined cry "Make them the biggest, gun them heaviest, and fly them farthest!"

There is a raw drama in the story of the B-29 from the blue-print stage to its eventual flight to Asiatic combat in early 1944. Time and time again it was thought a lost cause.[34] Long before even a sample B-29 existed, the AAF[35] urged construction of huge factories to build the sky giant by the thousand. It reached the point where some men were building the Superfortress — even while others were still finding out if it would fly !

It was the most complex plane ever conceived-60 tons of fighting fury[36]...four 2,200-horse power engine...20,000-pound bomb capacity...137,000-pound maximum overall weight with bombs and gasoline...an instrument panel like a mad-man's dream[37]...50,000 separate parts ...one million rivets...thousands of miles of complex wiring[38]...141feet wing span...99 feet long...27feet high...capable of flying a 16-hour mission...dwarfing[39] the B-17 flying Fortress[40] — all in all, the biggest, fastest, most powerful bomber in the world.

That was the Army Air Force's three-billion dollar gamble.

In September 1942, Eddie Allen, Boeing's chief test pilot, gave the XB-29 the first trial run, announcing simply after he landed the magic words, — "She flies."

The first minor success, however, was followed by failure after failure — engine trouble, jammed gears, dead power plants, fires lurking in the nacelles.[41] Disaster's climax came with the death of Allen and his crew on February 18, 1943, during another trial flight.

Finally on June 27,1943, Colonel Harman successfully flew the second experimental B-29, buzzing the Wichita, Kan., Boeing plant[42] where thousands of workers were on round-the-clock[43] plane-building shifts.

At the Quebec Conference in the fall of 1943,[44] President Roosevelt pledged 200 B-29s would be off the production lines, waiting combat in Asia, by March 1, 1944. It was a staggering promise,[45] but the AAF and the Aircraft Companies, echoing the slogan "the difficult we do immediately, the impossible takes a little longer," [46] hit the production lines with all their power.

At Wichita 25,000 mid-western workers pushed the nation's toughest production project. At Marietta,[47] Georgia, Bell Aircraft Corporation directed another 25,000 workers in Superbomber construction. At Omaha,[48] Nebraska, the Glenn Martin Plant[49] shifted to the B-29 plant in operation. At Renton,[50] near Seattle, Washington, Boeing set another B-29 plant in operation.

Working day and night, the four factories, paced by numerous plants making individual parts, built the B-29s and rushed them to nation-wide Air Technical Service Command modification centers.[51] President Roosevelt's deadline was met, and the B-29s raced out of Kansas for action in India.

For the rest of the war period, B-29s were turned out in droves[52] by the aircraft companies.

So much for the Superfortress itself.[53] But the training involved, before the 20th Air Force could fly into combat, was another story.

Jurisdiction[54] of this training was placed under the 2nd Air Force after the 58th Wing, first Superfortress combat organization and the nucleus for the 20th Bomber Command, was formed by Maj.Gen. Kenneth B. Wolfe[55] at Marietta, Go., and the Salina, Kansas, installation[56] of the 2nd Air Force. The 21st bomber Command and bomber wings that operated in Marianas were staffed and trained by the 2nd Air Force. Headquarters of the 21st was activated March 8, 1944, at Salina, but later moved to Peterson Field, Colorado Springs, under the leadership of Brig. Gen. Roger H. Ramey,[57] later commander of the 58th Wing of the 21st Bomber Command.

How to train crews to fly the Superfortress and at the same time test this new battleship of the skies was the fundamental problem of early training. Newness of pressurized cabins, central fire control and remote turrets, [58] electronic equipment and flight engineers, plus the fact that the B-29 had greater range, speed, altitude and load capability than any previously-operated combat bomber, created monumental training problems.

Training and testing were done in degrees,[59] keeping pace with changes in the airplane — some 2,000 were made in the engine alone — and the setting up of standard procedures for flying it. Round-the-clock Superfortress training for round-the-clock overseas bombing not only required evolving new training doctrines, but also the conversion of airfields from heavy to very heavy bombardment specifications, [60] with the necessary changes in supply, maintenance, facilities and administration.

As training progressed, the airplanes commander learned that he was more than the first pilot; he was the commander of a small combat force in itself, a $1,000,000 organization — $600,000 worth of airplane and $400,000 worth of training.

In addition, the 2nd Air Force trained units to perform specialized jobs, such as photo reconnaissance in modified Superbombers.[61] In line with this training and the training of bombardiers, [62] the heart of many an American city, industrial plant, airdrome[63] and transportation system was "bombed," as cameras hooked up to the bombsight recorded the accuracy of the aircraft's offensive power.[64] Gunners learned the techniques involved in central fire control and remote turrets, as electronics combined with armament.

The great success of the 2nd Air Force in fulfilling its mission was attested by[65] the steady flow of B-29 crews first to Asia and later to the Pacific, and by the increasingly destructive blows that hammered Jap industry in preparation for all-out attacks.[66]

In the winter of 1944 – 45, squadrons[67] were based at Caribbean installations under 3rd Air force control to increase combat efficiency by running missions under weather and terrain[68] conditions similar to those to be met in the training of B-29 replacement units.

Original plans by high AAF officials had been for the B-29 to be used from Pacific islands comparatively near Japan. Considering all future invasion schedules and the time it would take to blast the enemy out of the most ideal bases (such as Formosa[69] would have been), the Marianas, within B-29 range of most of the important Jap targets, were chosen long before the Allies even were within striking distance of these strategic islands. However, it was clear that the B-29 would be in operation before the Marianas were ready for Superfortress operation. (Actually the B-29s were dropping bombs on June 5, 1944, in C-B-I,[70] while the U.S. Marines still were nine days short of the first invasion blow against Saipan.[71])

Solution to the problem was to have the Superforts flown to India, set up advance bases in Western china, and begin operations. It was planned that B-29s would take off from eastern India, fly to the Chengtu[72] area in Western China, refuel, and strike Manchuria,[73] Formosa and Kyushu, the southernmost of the four Japanese home islands. Admittedly, this was not the final solution, but it was felt it would damage the Japs enough to warrant such action, and it would offer opportunities to test the B-29 in combat prior to[74] the time stronger operations could begin from the Pacific.

The AAF set up an unusual plan for operation of B-29s. The 20th Air Force was designated as the global striking force, but headquarters would be in Washington. Operational control of the force was deposited with the Joint Chiefs of Staff[75] in Washington, and General Arnold, as Commanding General of the AAF and the 20th Air Force, was named their executive agent. Brig. Gen. Lauris Norstad,[76] in turn, was named Arnold's deputy and became one of the key men in the new strategic air set-up for high priority, top-secret liaison between the commanders and in the field and Joint Chiefs of Staff.

The first B-29 organization to go into the theater of war was the 20th Bomber Command — actually the 58th Wing — under command of General Wolfe. The first B-29 arrived in India early April 1944, but for many months previously — as early as December 1943 — an advanced echelon [77] had been busy arranging for airfields both in Eastern India and Western China. The preparation of these fields — four in each area — was a monumental task, proving that American engineers and more than 350,000 cheerful Chinese coolies could do the "impossible."

The greatest obstacle that stood between the two important field-areas was jagged Hump of the Himalayas — the highest mountains in the world. In order to prevent ground and air units already in C-B-I from being short-supplied because of 20th Bomber Command needs, the B-29 unit began its own logistical flights[78] over the

Himalayas, hauling gasoline and other supplies from India to Chengtu.

This supply run was highly expensive. It was necessary for each B-29 to make six round trips over the Hump for each combat mission. Despite this, targets in Formosa, Manchuria and Kyushu were worth the time, trouble and expense.

On June 5, 1944, the first mission was run directly from Indian bases, over the Bay of Bengal, to the Makasan Railway Yard[79] in Bangkok. The next mission, 10 days later, made use of the Western China fields. Target was the famous Imperial Iron & Steel Works at Yawata (the "Pittsburgh of Japan") on Kyushu. Only 47 of the original 75 B-29s reached the target, and damaged was not extensive, but opening gun had been fired and the B-29 Blitz was on its way.

But it was on its way in an area of climatic surprises: blistering heat that caused engines to overheat while idling, hail as large as eggs, monsoon, drenching rains, terrific humidity that caused wires and delicate instruments of the B-29 to grow mold and short circuit. [80]

Despite these troubles and the constant, nagging problems of trans-Himalayan aerial supply, the 20th bomber Command continued its bombing in Asia — constantly increasing the numbers of planes, the bomb tonnage and damage to enemy installations.

In July 1944, General Wolfe was ordered to direct B-29 engineering at Wright Field. His deputy, Brig. Gen. LaVerne "Blondy" Saunders,[81] held command through September, and was succeeded by 38-year-old Maj. Gen. Curtis E. LeMay, youngest two-star general in the AAF,[82] who had won his strategic bombardment spurs with the 3rd Bombardment Division of the 8th Air Force in England.

A brilliant tactician, known for his blunt, forceful methods of operation, General LeMay switched from night attacks to high-level, tight-formation day bombing.[83] Enemy damage increased immediately.

One by one, the targets ticked off:
Sasebo Naval Base — July 7.
Showa Steel Works, Anshan — July 29.
Piadjoe Refinery, Palembang — August 10
Nagasaki urban area — August 10.
Yawata — August 20.
Anshan — September 8,26
Okayama Aircraft Assembly Plant [84] — October 14,16.
Einansho Airdrome, Formosa — October 17.
Omura Aircraft Factory — October 25.
Rangoon Marshalling Yards, Burma — November 3.
Singapore Naval Base — November 5.
Omura — November 11,21.

One of the highlights of these operations was the series of October strikes against Formosa. The important Okayama Aircraft Assembly Plant, struck twice within three days(October 14-16), was almost totally annihilated. Two important airdromes, Heito and Einansho, were blasted on October 16-17. The result of these strikes was to hamper[85] severely the enemy's efforts to send aerial reinforcements to the Philippines. This gave material aid to the American invasion.

During these six months of B-29 operations from C-B-I bases, a new tempo in air warfare was being created in the Pacific.

Won by bloody ground force action in summer, the Marianas (Saipan, Tinian and Guam) soon were the scene of rapid Aviation Engineer work, as large airdromes were bulldozed out of jungles and coral.[86] When the first four Aviation Engineer battalions went ashore on Saipan in August, Jap snipers were still offering opposition, and thousands of Japs were still holed up in caves.

With Superfortress, production increasing rapidly in the States, the first B-29 arrived in the Marianas in early September, by Brig. Gen Haywood "Possum" Hansell,[87] Commanding General of the 21st Bomber Command. A week later, planes of the 73rd Wing began to filter in[88] for training flights. Between flights, the men knuckled down to building their own barracks, mess hall and operation shacks.[89]

The first mission, in late October, was a shakedown flight to Truk,[90] battered Jap supply in the by-passed Caroline Islands. On November 1, the B-29 "Tokyo Rose"[91] was the first Superbomber over Tokyo, flying an important reconnaissance mission.

The 21st Bomber Command really launched its aerial drive on Japan on November 24 with the first raid on Tokyo proper.[92] Approximately 80 B-29s, led by Brig. Gen. Emmett "Rosie" O'Donnell,[93] ranged out 1,500 miles to hit the third largest city in the world, and specifically the Musashima Air Plant.[94]

The Joint Chiefs of Staff in Washington set up two major priorities for the 21st Bomber Command: (1) aircraft industry, and (2) ports and urban areas. With this guide, and using from 60 to 90 bombers per mission, General Hansell sent his sky giants against the Nipponese targets, with bombing altitudes from 20,000 all the way up to 35,000 feet.

This new long-range strategic air warfare involved new problems for the neophyte air unit.[95]

Firstly, it was more than 1,450 miles from Marianas to the Tokyo plain area, twice as far as European bombers had to travel to hit their targets.

Secondly, the flight was over water and along a line of Jap-held islands — the Bonins and volcanoes.

Thirdly, the Jap home islands, situated between the continent of Asia and the broad Pacific Ocean, were subject to unusual weather conditions. Invariably, there were stacks of deep-bellied, stagnant clouds.[96] Winds over Tokyo at high altitude probably were the strongest and most conflicting in the world. Bombardiers frequently had to make as many as five corrections to account for the erratic[97] passage of bombs through layers of wind going in different directions. Headwinds[98] were so violent that bombers were forced to approach the target downwind, [99] and often were propelled across the target at airspeeds more than 500 miles an hour![100] Bombing accuracy was a constant battle. Wind shifts were rapid, and pilots sometimes returned from aborted missions[101] to report that strong headwinds at the coast held their planes motionless in the air, or even forced them tail-first back to sea![102] This made the planes doubly vulnerable to antiaircraft fire.

Fourthly, the weather enroute was anything but mild, with monstrous gray-black thunderheads,[103] alive with whirlpool drafts,[104] roaring up to more than 35,000 feet.

The Superfortress Superman shrugged at the weather and drove their ships through the fronts to drop bombs either visually or by radar. Here was the early tally sheet:

Tokyo — four times within ten days ending December 3.
Iwo Jima — December 7.
Nagoya — December 13,18.
Iwo — December 24.
Tokyo — December 27.
Nagoya — January 5.
Tokyo — January 9.
Nagoya — January 14.
Akashi — January 19.
Nagoya — January 23,26.

In January 1945, General LeMay was moved from his B-29 command in India to take over direction of the 21st Bomber Command at Guam, replacing General Hansell. New man at the helm in India, was a lean, Texas air man, Brig. Gen. Roger Ramey.

During February, LeMay increased training and instituted use of lead-crews, a system which had been used successfully in the European theater. This entailed specially-trained, high-qualified crews to lead the rest of a formation to the target. Both navigation and bombing began to improve greatly.

Feeling his way slowly, and generally following General Hansell's operational plans, General LeMay sent his bombers out in 100-plane formations to hit Kobe on February 15 and Tokyo on February 19. Then on February 25, LeMay increased his striking force to 200 planes, dropping more than 600 tons of bombs, with the target the urban section of Tokyo. This was the beginning of larger-force raids, [105] leading to the 800-plane climax many months later.

There was one other innovation during February. LeMay ordered new incendiaries used on the February 4th and February 19th raids, in order to test the worth of the jellied gasoline-magnesium bombs. On March 4, Tokyo was struck again by another 200-plane force.

Increase in the number of bombers, the fire-bomb tests, and the many hours that Curtis E.LeMay was pouring over figures of operational results were the tip-offs to Guam officers that their solemn, cigar-chewing commander[106] was reading plans of a new magnitude.

LeMay faced the following facts:

(1) B-29s were operating in tight formations with heavy loads from 30,000 to 25,000 feet.

(2) In order to carry a maximum load of bombs for the 15-hour flight to the Tokyo plain and back, a gasoline expenditure of 7,650 gallons per bomber[107] was made. It took 46,000 pounds of fuel to carry between 5,000 and 6,000 pounds of explosives.[108]

(3) Operating at high altitudes, even this amount of fuel often

was not enough to bring home the B-29s.

(4) To carry the needed quantity of gasoline and even a small load of bombs, the take-off loads had been increased until the figure stood at 135,000 pounds.[109] In order to lift this weight and carry it on a steady climb to more than 30,000 feet, engines had to be kept for long periods at "full military power." This caused engine trouble.

(5) Study of the results of high-altitude strategic bombing had shown that although damage was increasing, it still was far under what should have been accomplished with the expended bomb tonnages. This was due not only to high altitude, but also to bad weather.

(6) Weather gave no evidence of improving, and visual bombing was almost out of question.

Adding all these facts, General LeMay announced bluntly that a lot of efforts was being "thrown away." There was only one thing to do: send larger formations, arm them with incendiary bombs, and have them fly from 8,000 to 5,000 feet! In the face of questions from his worried colleagues of Headquarters, the heavy-bomber tactician explained that such a move would have the following results:

The lower altitude would counteract weather and allow visual bombing. This would increase damage considerably, especially if new, powerful incendiary bombs were used. Gasoline expenditure would be less — allowing for more bombs and greater crew safety. There was every indication that Japanese anti-aircraft, although effective at high altitude, would not be accurate enough to counteract the tremendous power of this new method of attack. Enemy fighters, as well, were on the wane.[110]

It was also planned to send the planes in without armament. This would lighten the load considerably, and give greater range, maneuverability airspeed (Actually, the tail-gun position[111] was used in the first incendiary raid, but the comparative ease of the mission resulted in the removal of even that gun. From there on out, the Superforts roared to Japan with speed as the most effective "armament.")

General LeMay intended, as well, to have his bombers come in under cover of darkness, using flares[112] where necessary. This would make precision bombing[113] almost impossible. Area bombing, burning out entire urban-industrial regions,[114] would be the result. These decisions were to change the course of the air war over Japan.

Going completely counter to[115] all previously-accepted tenets of American air doctrine,[116] LeMay explained area bombing as necessary in the war against Japan because Nipponese industry was concentrated in tens of thousands of small semi-household shops[117] — "shadow factories" — embedded in the heart of the cities.

Then come LeMay's order: burn out the industrial centers of Tokyo, Kobe, Nagoya and Osaka with heavy, incendiary night raids at low altitude.

Shortly after midnight the morning of March 10, 285 Superforts burned out 15.8 square miles of Tokyo's heart, an area crammed with 11,000 shadow factories and 103,000 persons per square mile. Two nights later, the great aircraft production center of Nagoya was set ablaze by 286 B-29s, dropping 1,950 tons of incendiaries from 5,000 to 6,000 foot altitude.

Osaka, the third port of Japan, was next, when on the night of March 14,280 Superbombers scattered 2,240 tons of fire bombs across the sprawling industrial center,leveling 8.3 square miles. Early on the morning of March17, Kobe heard the air raid sirens as 309 of LeMay's bombers roared in to blast shipping and munitions plants with 2,328 tons of incendiaries and burn up nearly 3 square miles of the city's built up area. Nagoya was struck again, during the early dawn of March 19, with the fire wove engulfing mills, homes and shadow factories not previously touched and bringing the city's incendiary devastation to 5 square miles.

Thus, in five maximum-effort missions within 10 days, the LeMaybossed B-29s fire-blitzed approximately 32 square miles of Japan's four most important cities. During the rest of March, the deadly fire treatment was accorded Tachiarai, Oita, Omura, Nagoya and Tokyo.

These highly successful fire raids had the following operational effects: (1) approximately 90 percent of the aircraft bombed the primary target, as compared to 36 percent for previous raids: (2) average bomb load per sortie went up from 6,000 to 13,600 pounds[118]; and (3) the B-29 now could be flown a dozen times a month instead of five or six.

For many months the limelight[119] had been off the 20th Bomber Command in C-B-I. Although the eyes of the world were turned almost exclusively on the dramatic adventure of the 21st Bomber Command in the Marianas, the 20th Bomber Command had been accomplishing its mission efficiently during the six months from November 1944 to April 1945, prior to molding its force with the Pacific-based Bomber Command.

More than 30 primary bombing attacks were carried out during this period:

  Rangoon················4
  Omura···················7
  Singapore··············7
  Bangkok, Thailand·········4

Mukden, Manchuria ········ 2
Hankow ······················ 1
Nanking ······················ 1
Formosa ···················· 4
Saigon, Indo-China ············ 2
Kuala Lumpur, Malaya ······ 2

Raids on the steel mills in Manchuria during December contributed greatly to the reduction in Japanese production capability for several months. Sinking of the world's largest floating drydock at Singapore on February 1 was an outstanding example of high altitude precision bombing. Destruction on the Rama VI Bridge near Bangkok on February 7 was highly important. For sheer accuracy, the performance of one group of B-29s on this mission has never been surpassed by high altitude bombers. Strike photos showed 96 percent of the group's bombs within 1,000 feet of aiming point.

Moving over to new airfields on Tinian in April 1945, to mold with the 21st Bomber Command, planes and crews of the 20th Bomber Command took with them a record of hitting 20 different primary targets from Manchuria to Sumatra, from Japan to Rangoon.

April not only brought added strength to the 21st Bomber Command, but also the use of a new and highly-effective emergency base — Iwo Jima. Wrested from the Japs in March by some of the bloodiest fighting of the war, tiny Iwo, situated between the

Marianas and Tokyo about 500 miles north of the B-29s' home base, soon became an emergency haven to superforts which ran out of fuel or were too badly shot up to get home. Hundreds of planes and thousands of crewmen were saved through its use during the next four months.

Assured of its new technique by the success of the 10 March fire raids, the 21st Bomber Command opened up a 4 1/2-month incendiary campaign which burned out the heart of 44 enemy cities. One by one, the principal cities of Japan received their devastating bath of fire. Some of the roll included:

Tokyo — Shizuoka — Koriyama — Nagoya — Kanoya — Kawasaki — Tachiarai — Kakubu[120] — Izumi — Saeki — Kiro [121] — Hamamatsu — Yokohama — Osaka — Kobe — Kure — Sasebo

June, July and August, the grinding aerial attrition mounted.[122] With LeMay's methodical enlargement of his five fighting wings to full strength of 1,000 bombers — as the 315th Wing joined the 58th, 73rd, 313th and 314th — the tonnage increased.

March, 200-plane raids: 13,730-ton total.
April, 300-plane raids: 16,196-ton total.
May, 400-plane raids: 20,475-ton total.
June, 500-plane raids: 32,524-ton total.
July, 600-plane raids: 42,581-ton total.

These raids culminated [123] in the first two weeks of August with the dropping of 25,000 tons of fire and explosive bombs on 14 scattered cities, the world-shaking August 2nd mission when 855 B-29s scourged[124] six cities with 6,632 tons of sudden death, [125] and the dramatic single-plane raids of August 5 and 8[126] when two atomic bombs, almost completely demolished Hiroshima and Nagasaki.

The summer had brought certain organization and command changes to strategic operations in the Pacific. On July 5, Headquarters of the United States Army Strategic Air Forces in the Pacific (USASTAF) [127] was formed under command of General Carl Spaatz,[128] who had directed successful overall air operations in Europe. Lt. Gen Barney Giles [129] was appointed Spaatz'deputy.

The new air organization was planned for the coordination of operations of the Marianas — based 29s and future operations of the re-equipped 8th Air Force. The 8th, fresh from victory in Europe and still commanded by Lt.Gen. James Doolittle,[130] was to be based on Okinawa as the second B-29 arm in the Pacific.

On July 16th, the 21st Bomber Command absorbed the Washington 20th Air Force Headquarters, and the air organization in the Marianas officially became known as the 20th Air Force. On the same date, much of the personnel of the old 20th Bomber Command was sent to Okinawa as nucleus of Doolittle's B-29 force, which was never to see action due to the war's sudden termination.

On August 2, General LeMay became Chief of Staff of USASTAF, and Lt.Gen. Nathan F. Twining,[131] former Commanding General of both the 13th and the 15th Air Forces, took command of the 20th Air Force.

By summer, mining missions involving as many as 102 planes were taking place every other night. Each aircraft carried eight 2,000 pound mines or twelve 1,000-pound mines. The cylinders were dropped by parachute from altitudes of 5,000 to 8,000 feet. The first target, the straights of Shimonoseki, separating the islands of Kyushu and Honshu and providing the only safe shipping route out of the Inland Sea for approximately 500 ships monthly, practically closed to shipping within two weeks. An estimated 150 Jap vessels were sunk or damaged.

Similarly, mining attacks at Kure and Hiroshima closed an explosive trap around enemy fleet units anchored there. The mining of the eastern approaches to Shimonoseki endangered ships trying to refuel at the great Tokuyama oil storage depots, and the systematic pelting [132] of Sasebo and Osaka harbors blocked Jap fleet and supply vessels which might have sortied out to challenge the Okinawa invasion.

There is no doubt that continuing "normal" [133] B-29 operations — including use of the 8th Air Force, which was to have flown shorter distances and therefore could have carried a great weight of bombs — would have driven Japan out of war. However, advent of the atomic bomb put such extreme pressure on the enemy that capitulation followed almost immediately.

On August 5, the "Enola Gay," piloted by Col.Paul Tibbetts,Jr,[134] dropped the first devastating atomic bomb. The teeming industrial city[135] of Hiroshima was almost completely leveled in a few explosive seconds. Smoke shot up 40,000 feet from the wreckage of the four square miles of destroyed area. More than 100,000 persons were killed, 1,200 injured [136] and 200,000 made homeless.

Three days later, Nagasaki was the target for atomic attack, with the "Great Artiste,[137]" piloted by Maj.W.Sweeney, [138] dropping an improved and more powerful fission-explosive. Smoke columns billowed skyward to more than 60,000 feet as Nagasaki was blasted to ruins. Japan's surrender followed shortly.

The 1945 application of American Air Power, so destructive and concentrated as to cremate 65[139] Japanese cities in five months, forced on enemy's surrender without land invasion for the first time in military history. Because of the precedent-shattering performance of the 20th Air force from March to August 1945, no U.S. soldier, sailor or marine had to land on bloody beachheads or fight through strongly-prepared ground defense to ensure victory in the Jap home islands of Honshu, Kyushu, Hokkaido and Shikoku. Very Long

Range air power gained victory, decisive and complete.

　Thus, the 20th Air Force, youngest and most powerful AAF organization closed a dramatic 14-month career and won an unrivaled place in the air annals of World War Ⅱ

【注】
1)　　第 20 航空軍小史
2)　　米陸軍航空軍（第 2 次世界大戦当時、米軍は陸海軍で構成され空軍は存在しない）
3)　　be credited to～　（名誉、手柄）は～にある・帰する。
4)　　operations　作戦
5)　　Superfortress, Superbomber, Superfort はすべて「超空の要塞 B-29」を指す。B-29 の B は "Bomber"、「爆撃機」を意味する。
6)　　a first-rate world power of teeming cities　豊かな都市を有する世界的大国
7)　　　Wasteland　荒廃した土地
8)　　　blitz　電撃作戦、電撃的攻撃
9)　　　In reaching this fiery perfection　日本を灰にするまでに
10)　　77-plane,368-ton shakedown strike　77 機による 368 米トンの爆弾を投下した試験的攻撃　1 米トン≒0.907 トン　1 マイル≒1.6km
11)　　sorties　出撃
12)　　high explosive bomb　高性能爆弾
13)　　Nipponese＝Japanese
14)　　jellied-gasoline bombs　膠化ガソリン弾、油脂焼夷弾と同意語
15)　　the awe-inspiring, devastating atomic bomb　戦慄するほどの破壊力を持った原子爆弾
16)　　the Twentieth Bomber Command　第 20 爆撃機集団
17)　　the XXI Bomber Command　第 21 爆撃機集団
18)　　the Twentieth Bomber Command　第 20 爆撃機集団
19)　　the Marianas　マリアナ基地（サイパン、テニアン、グアム 3 島に設置された日本本土攻撃のための B-29 基地）
20)　　mines　機雷（米軍が使用した機雷は数種類あった。水圧、低周波、音響、磁

気などに反応し、航行する船舶が接近または触れると爆発するようになっていた。）

21) oil-refining centers　石油精製所
22) square miles　平方マイル　1平方マイル≒2.6㎢
23) Never in history of war had such colossal devastation been visited on an enemy at so slight a cost to the conqueror.　戦史上、勝利者の犠牲がこれほど少なく、敵に甚大なる損害を与えた戦争はなかった。
24) the forcing ground of history　（敵を）力で押し返す歴史的教訓
25) stronghold　要塞　堅固に守られた国
26) tipped a stalemate to victory　膠着した戦局を勝利に導いた
27) cityless land　荒廃した土地
28) doom and deliverance　破滅と解放
29) The saga of the 20th Air Force　第20航空軍の歴史
30) Boeing Aircraft Corporation　ボーイング社　世界最大の飛行機メーカーの一つ
31) Col ＝ colonel　大佐　准将(じゅんしょう)（brigadier general）と中佐（lieutenant colonel）の中間級
32) Wright Field　オハイオ州デイトンにあるライト兄弟ゆかりの飛行場。現在はライトパターソン空軍基地になっている。
33) General Arnold　ヘンリー H アーノルド大将（当時）、米陸軍航空軍総司令官であり、後に陸軍元帥となる。（1886年〜1950年）
34) a lost cause　成功する見込みのない試み
35) AAF（Army Air Force）　米陸軍航空軍
36) 60 tons of fighting fury　60米トンの戦闘装備（B-29の巨大な機体を示している）、ここではあえて「強者」と訳した。
37) an instrument panel like a mad-man's dream　おびただしい数の装備パネル
38) complex wiring　複雑な配線
39) dwarf　を小さく見せる
40) B-17 flying Fortress　ボーイング社製造による4発大型爆撃機。1935年初飛行。当時としては画期的な高速爆撃機で、フライングフォートレス「空飛ぶ要塞」と呼ばれた。
41) jammed gears, dead power plants, fires lurking in the nacelles　ギアの不具合、発電機の不良、エンジン室内での発火
42) Wichita　カンザス州最大の都市。2003年の人口は約36万人。現在も民間航空機の製造が盛んである。
43) round-the-clock　24時間連続操業

44) 第 1 回ケベック会議　1943 年 8 月 17 日〜24 日　カナダのケベックで開催される。ルーズベルト米大統領、チャーチル英首相、キング首相（カナダ）による軍事会議。1944 年 9 月に第 2 回会議が行われている。

45) staggering promise　無理な約束

46) "the difficult we do immediately, the impossible takes a little longer,"「困難なことならすぐにやり遂げよう、不可能なことなら少し時間をかけよう」戦時下の米国で武器弾薬の生産ラインを鼓舞するために唱えられたスローガンの一つ。

47) Marietta　ジョージア州アトランタ郊外の都市。B-29 爆撃機が製造されていた都市の一つであり、現在も飛行機工場や空軍基地がある。

48) Omaha　ネブラスカ州最大の都市。2005 年には人口 40 万人を超える。

49) the Glenn Martin Plant　グレンマーチン工場、第 2 次大戦下で 531 機の B-29 を製造。その中には広島・長崎に原爆を投下した「エノラゲイ」や「ボックスカー」がある。

50) Renton　ワシントン州シアトルの南東にある人口約 5 万人の都市。現在も民間航空機の生産が盛んで、ボーイング 737 などの組み立て工場がある。

51) nation-wide Air Technical Service Command modification centers　国内各所の部品改修センター：B-29 は生産が急がれ、技術上の諸問題を解決しきらないうちに組み立てラインを離れた。1944 年中にラインを離れた完成機には 54 箇所もの大きな改修が必要となった（「超・空の要塞：B-29」116 頁　C・E ルメイ、B・イェーン著　渡辺洋二訳 1991 年刊　朝日ソノラマ）。

52) in droves　ぞろぞろと

53) So much for the Superfortress itself.　B-29 についてはこのくらいにしておこう。

54) jurisdiction　管轄

55) Maj.Gen. Kenneth B. Wolfe　ケネス B. ウォルフ少将（1896 年〜1971 年）

56) installation　基地、軍事施設

57) Brig. Gen. Roger H. Ramey　原文では左記のようになっているが、実際は、Brig. Gen. Roger M. Ramey　ロジャ M. ラメイ准将が正しい。（1903 年〜1963 年）

58) pressurized cabins, central fire control and remote turrets　気密性の高い操縦室、中央制御で遠隔操作できる銃砲

59) in degrees　段階的に

60) the conversion of airfields from heavy to very heavy bombardment specifications　重爆撃機仕様から超重爆撃機仕様の飛行場施設への転換

61) photo reconnaissance in modified Superbombers　改造された B-29 による写真偵察

62) bombardiers　爆撃手

63) airdrome　飛行場
64) "bombed," as cameras hooked up to the bombsight recorded the accuracy of the aircraft's offensive power　爆撃照準器に接続されたカメラが爆撃機の攻撃精密度を記録しながら、「仮想空襲した」
65) attested by　〜によって証明され
66) all-out attacks　総攻撃、日本が準備していた本土決戦を意味している。
67) 米陸軍航空軍では、部隊編成の最上部単位を航空軍（Air Force）、その下に爆撃機集団（Command）や航空団（Wing）が置かれ、これがさらに群団（Group）に分れ、戦隊（Squadron）に細分されていた。
68) terrain　地形
69) Formosa　台湾
70) in C-B-I　中国－ビルマ（現ミャンマー）－インドで6月5日の攻撃はバンコクの鉄道操作場を攻撃したもの。
71) 米軍がサイパン島に上陸したのは1944年6月15日。
72) chengtu　成都　中国南西部の都市で現在の人口は約1000万人
73) Manchuria　満州国　1932年、中国東北部に建国された日本の傀儡国家。
74) prior to=before
75) the Joint Chiefs of Staff　統合参謀本部
76) Brig. Gen. Lauris Norstad　ラウルス　ノースタッド准将　第20航空軍参謀長。戦後、米空軍司令官、NATO軍司令官となる。（1907年〜1988年）
77) advanced echelon　先遣部隊
78) logistical flights　物資輸送、ここでは主に飛行機の燃料であるガソリンを指す。
79) Makasan Railway Yard　バンコク市内にあるマッカサン鉄道操車場
80) blistering heat that caused engines to overheat while idling, hail as large as eggs,, monsoon, drenching rains, terrific humidity that caused wires and delicate instruments of the B-29 to grow mold and short circuit.　アイドリング中にエンジンを焼きつかせる猛烈な熱、繊細なB-29の飛行機器をさびつかせ、回路をショートさせる原因となる玉子大のひょう、モンスーン気候による大量の雨と湿気。
81) Brig. Gen. LaVerne "Blondy" Saunders　ラベレン "ブロンディ" サンダース准将（1903年〜1988年）
82) 38-year-old Maj. Gen. Curtis E. LeMay, youngest two-star general in the AAF　38歳、米軍航空軍内で最年少の新進気鋭のカーチスEルメイ少将。戦時下では日本本土に対する戦略爆撃を実行した中心人物として日本人から「鬼畜ルメイ」とあだなされた。

戦後、空軍参謀総長となり、日本の航空自衛隊創設に際して戦術指導を行ったことで 1964 年に勲一等旭日大綬章を日本政府より授与された。この叙勲に関しては様々な波紋を呼んでいる。(1906 年〜 1990 年)

83) from night attacks to high-level, tight-formation day bombing　夜間攻撃から高高度からの隙間の無い編隊を組んでの白昼爆撃へ

84) Okayama（岡山）とあるが、これは台湾の高雄北西にある岡山（かんさん）(kang shan) のことである。

85) hamper　阻止する

86) coral　サンゴ

87) Brig. Gen Haywood "Possum" Hansell　ヘイウッド"ポッサム"ハンセル准将（1903 年〜 1988 年）

88) filter in　移動する

89) the men knuckled down to building their own barracks, mess hall and operation shacks　兵は自分たちの兵舎や食堂、司令部の建築に精を出した。

90) Truk　トラック島。正しくはトラック諸島（環礁）、直径 67km の地球最大の環礁に囲囲まれた約 70 の小島から構成されている。第 1 次大戦後、日本の委任統治領となり、戦時中は日本海軍の根拠地であった。1944 年 2 月 17 日に米軍の空襲を受け、基地機能はすでに麻痺していた。現在はチューク諸島と呼ばれている。

91) the B-29 "Tokyo Rose"　Tokyo-Rose 号は B-29 を改造した偵察機。1944 年 11 月 1 日に東京上空を偵察飛行した。この機体の名称は日本の対米謀略放送の女性アナウンサーのニックネームからとったものである。

92) Tokyo proper　「厳密な意味での東京」Japan proper　日本本土

93) Brig. Gen. Emmett "Rosie" O'Donnell　エメット・ロジィ・オドンネル准将（1906 年〜 1971 年）

94) Musashima Air Plant　中島飛行機武蔵野製作所のことであろう。

95) the neophyte air unit　新しい航空隊、ここでは B-29 の第 21 爆撃機集団を指す。

96) stacks of deep-bellied, stagnant clouds　もくもくと膨張し停滞している雲

97) erratic　不規則な

98) Headwinds　向かい風

99) downwind　風下の

100) often were propelled across the target at airspeeds more than 500 miles an hour!　時速 500 マイル以上の大気速度（周りの空気流に対する速度）で目標を通り過ぎてしまうことがあった。

101) aborted missions　攻撃を中止して
102) forced them tail-first back to sea　（風で）海に押し返された
103) thunderheads　入道雲
104) whirlpool drafts　渦巻状の風
105) larger-force raids　大規模編隊による攻撃
106) their solemn, cigar-chewing commander　寡黙な葉巻をくわえた司令官　ルメイを指す。
107) 7,650 gallons per bomber　爆撃機1機当り29,070リットル　1ガロン≒3,8リットル
108) It took 46,000 pounds of fuel to carry between 5,000 and 6,000 pounds of explosives　2,250 kgから2,700 kgの爆弾を運ぶのに20,700kgの燃料を使用した。
109) 135,000 pounds ≒ 60,750kg
110) on the wane　勢力を失いつつあって
111) tail-gun position　B-29の尾翼下に取り付けられている機関砲
112) flares　照明弾
113) precision bombing　精密爆撃
114) urban-industrial regions　都市工業地域
115) counter to　に背く
116) tenets of American air doctrine　米航空機界の常識
117) small semi-household shops　家庭内手工業
118) average bomb load per sortie went up from 6,000 to 13,600 pounds　1機当りの爆弾の平均等裁量が2,700 kgから6,120 kgに増加
119) the limelight　注目の的
120) KakubuはKokubu（国分）鹿児島県国分市のことではないか？
121) Kiroは、Hiro（広）のことだと考える。広町は広島県呉市東部。かつて海軍工廠・海軍航空機工場が存在した。
122) the grinding aerial attrition mounted　空（爆撃機）からの激しい消耗戦が続いた。
123) culminate　最高潮に達する
124) scourge　攻撃する
125) of sudden death　一方的な勝ち方で。　8月1日〜2日にかけての空襲は八王子、富山、長岡、水戸のほかに浜松、川崎、鶴見であった。8月1日米陸軍航空軍創立記念日にあわせた全兵力を投入する「祝賀大爆撃」と称されるものであった。
126) 日本時間の日付に合わせるとそれぞれ8月6日、8月9日となる。
127) the United States Army Strategic Air Forces　（USASTAF）　合衆国陸軍戦略航空軍

128) General Carl Spaatz　カール　スパーズ大将（1891 年〜 1971 年）

129) Lt. Gen Barney Giles　バーニー　ジャイルズ中将（1982 年〜 1984 年）

130) Lt. Gen. James Doolittle　ジェイムズ　ドゥーリトル中将（1896 年〜 1993 年）
1942 年 4 月に B-25 爆撃機で日本本土初空襲を指揮した人物。

131) Lt. Gen. Nathan F. Twining　ネイサン F. トワイニング中将（1897 年〜 1982 年）

132) the systematic pelting　組織的機雷投下

133) ここであえて「通常」という意味の"normal"に引用符をつけたのは何故か。原爆による攻撃を当時米陸軍航空軍自体が特別であったとみなしていたという意味か。

134) Col.Paul Tibbetts,Jr　ポール　ティベッツ大佐（1915 年〜）

135) 米軍が作成した目標情報票では広島を他都市と同じように都市工業地域の一つとしているが、ここでは別の表現になっている。

136) 広島市の調査では、1946 年 8 月 10 日時点、死亡 118,661 人　負傷 79,130 人　そのうち重症 35,021 人、軽症 48,606 人　生死不明 3,677 人、計 201,468 人、であった。「ヒロシマ読本」（1978 年財団法人広島平和文化センター刊行）

137) 原文では Great Artiste 号が長崎に原爆を投下したとあるが、実際は Sweeney 大尉が操縦する Bockscar 号が原爆を投下した。Great Artiste 号は Bockscar 号に同行した機である。

138) Major.W. Sweeney　スウィーニー大尉（1919 年〜 2004 年）

139) "20th Air Force A Statistical Summary of Its Operations Against Japan"「第 20 航空軍対日作戦統計概要」によると攻撃した都市は「66 都市」とされている。また"The strategic Air Operation of very heavy bombardment in the War against Japan"「対日戦における戦略超重爆撃」に示されている「都市目標の破壊」という表には以下の 66 都市名が記されている。

（アルファベット順）　明石、尼崎、青森、千葉、銚子、福井、福岡、福山、岐阜、八王子、浜松、姫路、平塚、広島、日立、一宮、今治、伊勢崎、鹿児島、川崎、神戸、高知、甲府、熊谷、熊本、呉、桑名、前橋、松山、水戸、門司、長岡、長崎、名古屋、西宮、延岡、沼津、大垣、大分、岡山、岡崎、大牟田、大阪、佐賀、堺、佐世保、仙台、清水、下関、静岡、高松、徳島、徳山、東京、富山、豊橋、津、敦賀、宇部、宇治山田、宇都宮、宇和島、和歌山、八幡、四日市、横浜。これら以外に「その他」とあるがどこを指したものかわからない。この 66 都市には 1945 年 8 月 11 日に沖縄から飛来した B-24（第 7 航空軍所属）によって攻撃された久留米が含まれていない。

米軍資料を平和学習に活用

はじめに

　勤務校は、愛媛県今治市にある私立の高校である。16年前に特進コースだけを分離させて設立された学校なので比較的市街地にあるのに「分校」という冠がついている。本体である今治明徳高等学校（生徒数約400人）は、3kmほど離れた場所にあり、福祉、美容、情報など生徒のニーズに合わせたコース編成になっている。矢田分校の全校生徒数は120人、併設の中学校がほぼ同数なので約240人である。

　地元での進学実績はまずまずだが、私学なのだから何かユニークな教育活動を、と前々から教職員の間では模索していた。そんなころ「総合的な学習の時間」が必修となる時期を迎え、「自分たちの学校だからこそできるユニークなものを」を条件に2002（平成14）年春、当時の高校1年生からテーマを募集した。あれこれ出たアイデアの中で、勤務校の母体である今治明徳高等女学校の戦災記録を発掘するというのがあった。今治明徳高女は昭和20年4月と8月の空襲で灰燼に帰し、生徒・教職員の犠牲者が9名出ていた。このテーマならユニークだ、ということで学習の企画や準備を「核」となって行う生徒数名を選び、彼らを「平和学習実行委員会」と名づけて「総合的な学習の時間」は始まった。

（1）母校の戦災記録発掘から地域の戦災記録発掘へ

　今治明徳高女の戦災記録発掘は、生徒それぞれの得意な分野を生かして実行された。年配の方と話すのが得意な者はインタビューや取材を担当、書籍や資料をあさるのが苦にならない者は資料収集、手先の器用な者は、入手した資料をもとに戦災で倒壊した校舎の模型制作に携わった。秋の文化祭では、当時の関係者から聞き取った内容を写真・文集・模型で発表。好評を得た。そのおかげで卒業生の有志やPTAから校内に戦災犠牲者の慰霊碑建立という話がもちあがり、2003（平成15）年4月26日（第1回今治空襲の日）に慰霊碑除幕式が行われた。

校庭にある戦災犠牲者の慰霊碑をかこんで

　新入生を迎え、インタビューや資料収集のコツをつかんだ生徒たちの関心は今治地域の戦災記録発掘へと広がりつつあった。地方の小都市でありながら550人もの犠牲者を出した今治空襲とはどのようなものであったのか。母校の戦災記録を発掘しながら自分たちと同年代の若者が無残に死んでいった様子がよほど鮮烈であったのか、彼らは戦災体験者の話を熱心に集めて回った。そんなころである、米軍が記録した空襲に関する資料が手に入るという話を聞いたのは。

日本空襲を米軍資料を用いて研究している徳山工業高等専門学校の工藤洋三氏から今治空襲に関する英文資料を送付していただいたのが2004（平成16）年の夏だった。英文資料は、1945（昭和20）年8月5日の空襲に関する作戦任務報告書と戦後に今治を訪れた戦略爆撃調査団がまとめた「今治に対する焼夷弾攻撃の効果」という報告書であった。見慣れない軍事用語が羅列されている報告書は、やや敷居の高いものであったが、奥住喜重氏や工藤洋三氏ら先行研究者の著書を参照しながら読みすすめることで内容を理解することができた。資料の抄訳を生徒たちに見せると、予想以上の反応があった。戦災体験者が知らない今治空襲の意図、目標、正確な投下爆弾量や種類などがそこには詳細に記録されていたからである。

(2) 愛媛の空襲を米軍資料から探る

　その後、米軍資料の翻訳を私が行い、戦災体験者のインタビューや資料収集を生徒が分担して行うという役割が定着した。学園祭で研究した内容を小冊子にまとめて販売すると意外なほどよく売れた。過去にこのような形で今治空襲を検証した文献がなかったからだ。

　意を強くした生徒たちは戦災記録の発掘を今治市に限定せず、愛媛県全体にまで広げた。米軍資料も東京にある国会図書館のマイクロフィルムを利用していたが、それでは足らず、思い切って生徒を連れて米国立公文書館まで足を運んだ。週1回の平和学習では、市内に残る戦災遺跡（主に慰霊碑など）の見学、実行委員会による調査報告、戦争体験者をゲストに招いての学習会のほか、愛媛大学の学生との討論会なども試みた。それらをまとめたものが、『米軍資料から読み解く　愛媛の空襲』（今治明徳高校矢田分校編　2005年）である。

今治空襲の殉難者供養塔の説明を聞く
（今治市喜田村の眞光寺にて）

　気がついてみると、愛媛県下の戦災や空襲に関する映像や米軍資料は今治明徳矢田分校に最も多くある、という状態になっていた。空襲だけでなく、新たに入学してくる生徒の興味関心に応じて研究テーマも変わった。沖縄戦、シベリア抑留、領土問題、神風特攻隊。うまくいく年もあれば、そうでない年もあった。しかし、自分たちが関心をもって調査研究に取り組もうとする姿勢だけは崩れずに続いてきた。だから、テーマが難しくて、頓挫しそうなときには、原点に戻って「地元の戦災記録を見つめなおそう」と声をかけるようにした。これに関してならどこよりも資料が豊富にあるからだ。

(3) 地域の民間団体のとのつながり

　米国立公文書館での調査がキッカケとなり今治空襲に関わった元B-29搭乗員とも交流がもてるようになった。生徒と元B-29搭乗員との電子メールによるやり取りは、日米間の戦争体験や歴史認識の違いを明らかにするだけでなく、勝敗にかかわらず戦争とは無益なもの、残酷なものであることを知る端緒ともなった。生徒たちにとって戦争を被害者

の側から聞くことはあっても攻撃した側から聞くことはなかったからだ。この元 B-29 搭乗員と是非、直接会ってみたいという生徒の強い要望から 2006（平成 18）年 1 月、アトランタ近郊の彼の自宅へ訪問した。本書に掲載されている写真のいくらかは、この元 B-29 搭乗員、ハーセル・リード・バーン氏が提供したものである。

今治空襲に参加した元 B-29 搭乗員と

　対外的にも学習活動に広がりができた。今治地方文化交流会、今治市戦災遺族会とともに矢田分校も参加して 2005（平成 17）年 9 月に「今治市の戦災を記録する会」（新居田大作会長）を発足させた。おかげで学校内での活動が、地域の人々と連携してできるようになった。「市民シンポジウム　今治の戦災を語る会」（平成 17 年）、「空襲・戦災を記録する会全国連絡会議今治大会」（平成 18 年）の開催、『あなたに伝えたい　今治の戦災』（今治市の戦災を記録する会編 2006 年）の発行など協同で取り組むことができた。次世代に戦争の悲劇を伝えたいという民間団体とそれを率先して実行しようとしている本校の活動がうまくかみ合ってきた。より若い世代に見聞してもらえるようにと、文字だけでなく映像によって戦災記録を残す企画を立て、現在その準備をしている。

「全国連絡会議今治大会」で報告する矢田分校生

(4) 本書の原典と翻訳・注釈

　2006（平成18）年夏、岡山空襲資料センターの日笠俊男氏から本書の原典である、'Brief History Of The 20th Air Force' のコピーをいただいた。一読して、米陸軍航空軍の対日爆撃に対する姿勢がわかる。まさに「攻撃した側」の様子をうかがうことができる資料だ。はたして、これを平和学習でいかに活用するべきかと悩んだ。そこで英語の得意な平和学習実行委員会の生徒数名と私とで、原文と私が試訳したものを輪読しながら、意味のよく分からない用語や難しい箇所をできるだけ拾い出し、生徒自身が注釈をつけた。英文自体の慣用表現はもちろんのこと、本文に登場する当時の人物についても経歴や生没年など丹念に調べていった。特に注意したのは、資料に記載されている数字の確認である。この資料が書かれた当時、正しいとされていたことが、後年になってミスだと判明したものがある。例えば、長崎へ原爆を投下したB-29の機名である。原文と翻訳文はそのまま手をふれず、注釈でそれらの誤りを訂正している。

　当時の米国内世論・兵士の動きなどについては元B-29搭乗員のH・

R　バーン氏、モーリス　アシュランド氏に原典を照会し意見を聞いた。米国で声だかに叫ばれたスローガンの訳についても両氏から語句自体のニュアンスなど詳しく説明してもらい、最適と思われる訳を付した。放課後や夏休み・冬休みを利用しての地道な作業であったので10か月ほどの時間を要したが、英文読解だけでなく資料検索方法や資料自体の読み方など、注釈に携わった生徒が得たものは大きい。

注釈を作成する平和学習実行委員会

原文と翻訳文の一部を選択英語の時間にプリントにして配布した。

　　Five flaming months in which a thousand All-American planes and 20,000 American men brought homelessness, terror and death to an arrogant foe, and left him practically a nomad in almost cityless land.
　（炎の5か月に、1,000機の米軍機と20,000人の米兵が強情な敵から家屋敷を奪い、恐怖と死をもたらし、事実上荒廃した土地だけが残る状態にまで貶(おとし)めた。）

本文の冒頭に出てくるこの文は、戦争とは無縁の世界に生きる日本の

高校生にとって想像しがたい歴史的事実であり、そこからくる衝撃はかなり強い。自分の故郷を含め、多くの都市が焦土となった事実を彼らは、この文章を読むことで改めて知ることになる。60年以上前に書かれた資料の中に出てくる米国と、国際社会をリードする現在の米国の姿に何か違いがあるだろうか。「強情な敵」というくだりが、時代とともに敵対する他の民族名に代わっていっただけで、戦略的には何にも変わっていないのでは……。技術と兵器は日進月歩だが、その使用を試みる人間はなんら進歩していない。本書に関わる作業を終えて、生徒と私が共に持った正直な感想である。これまでも米軍資料を平和学習に活用してきたが、そのたびに同じような思いがこみ上げてきた。どの資料も必死で人殺しをしようと計画し、実行してきた記録だからである。

　平和に対する考え方は、様々である。これが正しいのだ、とはたして誰が言えるだろうか。そんなヌエのようなものをテーマにしながらも、「戦争の悲劇だけは繰り返してはならない」という教訓は世代や思想信条を越えて共有できる。本書の活用方法は、地歴公民分野に留まらず、平和や戦争をテーマにした英語学習にも役立つであろう。

おわりに―本書作成に携わった高校生の言葉―

　　「戦争は人間をこんなに残酷にさせるのか……。」
　　　　　　　　　　　　　　　　　　2年　長谷部祐輝

　　「戦略爆撃の提唱者の一人であるビリーミッチェルは、戦争の早期終結を目標に航空戦力のありかたを考えたそうだが、戦略爆撃自体、単なる大量殺戮にほかならない」

2年　真木俊光

「空襲で自分の親兄弟を亡くした戦災体験者が、この文章を読んだらどう思うでしょうか。切なくてたまりません」

3年　高山由依

「空襲による犠牲者の数が本文に出てきます。でも数ではないのです。一人ひとり名前があり、家族があり、素晴らしい人生があったはずです」

3年　三田有紀乃

「僕の実家も63年前、今治空襲で焼けました。曾祖母が避難途中で直撃弾を受け、亡くなったと聞いています。だから僕は過去を検証する平和学習を続けているのです」

2年　中村　斎

「広島の平和資料館や沖縄のガマに入ったときのことを思い出した。戦争はゲームじゃない、恐ろしいジェノサイドだ」

2年　貴田康弘

「先輩たちから引き継いだ作業です。微力ながら、それに参加できたことが嬉しい」

2年　品部飛翔

「殺人事件がこの世から無くならないのと同様に戦争も無くならない、そんなふうに澄ましたことが言えるのは他人事だと思っているからだ。いざ自分の身に降りかかってみろ、黙っていられるはずがない」

2 年　大西拓斗

このほかの平和学習実行委員：鴨井大空、菅洋司、高橋翔馬、小野亜由美、中村鎮、寺尾明恵、村上寛乃、上垣恵介、岡部真希、田所東佳、白石理緒、檜垣佑依、藤田汐梨、越智つぐみ、池内恵李果、渡部愛子、石丸由乃

Special thanks to Mr. Herschell Read Vaughn, Mr. Maurice Ashland and other B-29 veterans who gave me a lot of information and advice. I understand your feeling that you were just doing your duty. Nothing in this book detracts from the deep respect I have for your country and your people.

Their teacher　Fujimoto Fumiaki

【参考文献】

奥住喜重　『B-29　64 都市を焼く』（揺籃社 2006 年）

カーチス・E・ルメイ、ビル・イェーン『超・空の要塞：B-29』（渡辺洋二訳）（朝日ソノラマ 1991 年）

Norman Polmar　The Enola Gay　（The Smithsonian Institution 2004）

北九州の戦争を記録する会編　『米軍資料　八幡製鉄所空襲』（2000 年）

奥住喜重　日笠俊男『米軍資料　ルメイの焼夷電撃戦　参謀による分析報告』（吉備人出版 2005 年）

日笠俊男　岡山空襲資料センターブックレット 5『米軍資料で語る岡山大空襲―少年の空襲史料学―』（吉備人出版 2005 年）

（藤本文昭）

■訳著者紹介

日笠　俊男（ひかさ　としお）
1933年、韓国ソウル市生まれ
岡山大学教育学部卒業
岡山空襲資料センター代表

著書『B-29墜落甲浦村　1945年6月29日』（吉備人出版）
　　　『カルテが語る岡山大空襲―岡山医科大学皮膚科泌尿器科教室患者日誌―』（岡山空襲資料センターブックレット2）
　　　『戦争の記憶―謎の3.6岡山空襲』（同上3）
　　　『米軍資料で語る岡山大空襲―少年の空襲史料学―』（同上5）
　　　『B-29少数機空襲―1945年4月8日狙われたのは玉野造船所か―』（同上6）
編著『吾は語り継ぐ』（吉備人出版）
共著『米軍資料　ルメイの焼夷電撃戦　参謀による分析報告』（吉備人出版）

藤本　文昭（ふじもと　ふみあき）
1964年、愛媛県今治市生まれ
京都外国語大学英米語学科卒業
今治明徳高等学校矢田分校教諭（英語）

編著『米軍資料から読み解く愛媛の空襲』（創風社出版）
　　　『あなたに伝えたい今治市の戦災』（今治市の戦災を記録する会）
　　　第54回読売教育賞最優秀賞受賞（生活科・総合学習）

日本上空の米第20航空軍

2007年7月25日　初版第1刷発行

■訳著者────日笠　俊男／藤本　文昭
■発行者────佐藤　守
■発行所────株式会社　大学教育出版
　　　　　　　〒700-0953　岡山市西市855-4
　　　　　　　電話（086）244-1268㈹　FAX（086）246-0294
■印刷製本────サンコー印刷㈱
■装　　丁────ティー・ボーンデザイン事務所

©Toshio Hikasa and Fumiaki Fujimoto 2007,Printed in japan
検印省略　　落丁・乱丁本はお取り替えいたします。
無断で本書の一部または全部を複写・複製することは禁じられています。

ISBN978－4－88730－782－7

好評発売中

知られざるヒバクシャ ―劣化ウラン弾の実態―

著―田城 明

湾岸戦争（1991年）で米英両国が実戦で初めて使用した放射能兵器の「劣化ウラン弾」。本書は米英・イラクなどを訪ね、がんなどで苦しむ退役軍人や住民らの深刻な実態をヒロシマ記者の目でとらえた迫真のルポルタージュである。

主要目次
序章／劣化ウラン弾の特性と影響、第一章／超大国の陰―アメリカ―、第二章／裏庭の脅威―アメリカ―、第三章／汚された大地―アメリカ―、第四章／同盟国の重荷―イギリス―、五章／戦場国の爪痕―イラク―、第六章／募る不安　など

ISBN 4-88730-510-9　四六判　244頁　定価1,575円

戦禍の記憶 ―娘たちが書いた母の「歴史」―

編著―今川仁視

「娘」たちが直接「母」の戦争体験を「聞き書き」するという、おそらく日本で最後であろう文集の一部を、戦後50周年を機に公開する。それは、私達に本当に「歴史を学ぶ」とは何かを問いかけている。

主要目次
一／母の歴史（小学校のころ、出兵兵士の送迎、悲しみの使者、授業がとうとうなくなった、中止になった卒業式…）二／八月一五日（疎開先の一宮で、名古屋の本格的空襲と東山動物園、沖永良部島で…）三／母の想い、四／卒業を前にして

ISBN 4-88730-107-3　Ａ５判　280頁　定価1,835円

幼・少年期の軍事体験

著―光岡浩二

本書は、1937年7月12日から8年以上にわたり続いた、日中および太平洋戦争に関連する筆者の幼・少年期における体験記。筆者なりの視点で問題意識をもってアプローチを試みる。

主要目次
第1章　軍事体験追求の埋由／第2章　小・中学校時代の軍事体験／第3章　陸軍兵器補給廠への学徒動員／第4章　米軍機（B29）の岡山市空襲／第5章　米軍機（P51）の列車襲撃／第6章　終戦直後の諸事情

ISBN 4-88730-672-5　四六判　188頁　定価1,260円